水产养殖业绿色发展技术丛书

河蟹绿色高效养殖技术与实例

农业农村部渔业渔政管理局　组编

潘建林　林　海　主编

HEXIE
LÜSE GAOXIAO YANGZHI
JISHU YU SHILI

中国农业出版社
北　京

图书在版编目（CIP）数据

河蟹绿色高效养殖技术与实例 / 农业农村部渔业渔政管理局组编；潘建林，林海主编．—北京：中国农业出版社，2021.6

（水产养殖业绿色发展技术丛书）

ISBN 978-7-109-28397-8

Ⅰ．①河…　Ⅱ．①农…②潘…③林…　Ⅲ．①中华绒螯蟹—淡水养殖　Ⅳ．①S966.16

中国版本图书馆CIP数据核字（2021）第120459号

中国农业出版社出版

地址：北京市朝阳区麦子店街18号楼

邮编：100125

策划编辑：郑　珂　王金环

责任编辑：王金环　　文字编辑：耿韶磊

版式设计：王　晨　　责任校对：刘丽香

印刷：北京通州皇家印刷厂

版次：2022年6月第1版

印次：2022年6月北京第1次印刷

发行：新华书店北京发行所

开本：880mm×1230mm　1/32

印张：8　　插页：4

字数：240千字

定价：48.00元

丛书编委会

主　编： 潘建林　林　海

副主编： 周　军　黄春贵　彭　刚

参　编（按姓氏笔画排序）：

丁彩霞　方　苹　付龙龙　朱慧健　刘洪健
孙修云　李旭光　张　可　张　敏　张　燕
罗　明　赵沐子　俞　明　顾　平　徐　宇
徐钢春　殷　悦　高天珩　葛家春　韩　枫
强发旗　蔡德森

丛书序 PREFACE

2019年，经国务院批准，农业农村部等10部委联合印发了《关于加快推进水产养殖业绿色发展的若干意见》(以下简称《意见》)，围绕加强科学布局、转变养殖方式、改善养殖环境、强化生产监管、拓宽发展空间、加强政策支持及落实保障措施等方面作出全面部署，对水产养殖业转型升级具有重大意义。

随着人们生活水平的提高，目前我国渔业的主要矛盾已经转化为人民对优质水产品和优美水域生态环境的需求，与水产品供给结构性矛盾突出与渔业对资源环境的过度利用之间的矛盾。在这种形势背景下，树立"大粮食观"，贯彻落实《意见》，坚持质量优先、市场导向、创新驱动、以法治渔四大原则，走绿色发展道路，是我国迈进水产养殖强国之列的必然选择。

"绿水青山就是金山银山"，向绿色发展前进，要靠技术转型与升级。为贯彻落实《意见》，推行生态健康绿色养殖，尤其针对养殖规模大、覆盖面广、产量产值高、综合效益好、市场前景广阔的水产养殖品种，率先开展绿色养殖技术推广，使水产养殖绿色发展理念深入人心，农业农村部渔业渔政管理局与中国农业出版社共同组织策划，组建了由院士领衔的高水平编委会，依托国家现代农业产业技术体系、全国水产技术推广总站、中国水产学会等组织和单位，遴选重要的水产养殖品种，邀请产业上下游的高校、科研院所、推广机构以及企业的相关专家和技术人员编写了这套“水产养殖业绿色发展技术丛书”，宣传推广绿色养殖技术与模式，以促进渔业转型升级，保障重要水产品有效供给和促进渔民持续增收。

这套丛书基本涵盖了当前国家水产养殖主导品种和主推技术，围绕《意见》精神，着重介绍养殖品种相关的节能减排、集约高效、立体生态、种养结合、盐碱水域资源开发利用、深远海养殖等绿色养殖技术。丛书具有四大特色：

突出实用技术，倡导绿色理念。丛书的撰写以“技术＋模式＋案例”的主线，技术嵌入模式，模式改良技术，颠覆传统粗放、简陋的养殖方式，介绍实用易学、可操作性强、低碳环保的养殖技术，倡导水产养殖绿色发展理念。

图文并茂，融合多媒体出版。在内容表现形式和手法上全面创新，在语言通俗易懂、深入浅出的基础上，通过“插视”和“插图”立体、直观地展示关键技术和环节，将丰富的图片、文档、视频、音频等融合到书中，读者可通过手机扫二维码观看视频，轻松学技术、长知识。

品种齐全，适用面广。丛书遴选的养殖品种养殖规模大、覆盖范围广，涵盖国家主推的海、淡水主要养殖品种，涉及稻渔综合种养、盐碱地渔农综合利用、池塘工程化养殖、工厂化循环水养殖、鱼菜共生、尾水处理、深远海网箱养殖、集装箱养鱼等多种国家主推的绿色模式和技术，适用面广。

以案说法，产销兼顾。丛书不但介绍了绿色养殖实用技术，还通过案例总结全国各地先进的管理和营销经验，为养殖者通过绿色养殖和科学经营实现致富增收提供参考借鉴。

本套丛书在编写上注重理念与技术结合、模式与案例并举，力求从理念到行动、从基础到应用、从技术原理到实施案例、从方法手段到实施效果，以深入浅出、通俗易懂、图文并茂的方式系统展开介绍，使“绿色发展”理念深入人心、成为共识。丛书不仅可以作为一线渔民养殖指导手册，还可作为渔技员、水产技术员等培训用书。

希望这套丛书的出版能够为我国水产养殖业的绿色发展作出积极贡献！

农业农村部渔业渔政管理局局长：刘新中

2021年11月

前　言 FOREWORD

30 多年来，我国河蟹养殖发展迅猛，河蟹生产也从最初的资源放流型增养殖发展至目前的生态高效养殖，形成了以长江中下游、辽河、闽江地区为产业带的规模化产业格局，在产业结构、科技创新、产品质量、组织化程度和投入机制等方面均取得了显著成效。仅 2019 年，全国各种模式的河蟹养殖面积就达 100 万公顷以上，产量 80 万吨，产值 500 亿元以上。在长江中下游河蟹主产区，养殖平均亩效益达 2 000 元以上，高的甚至达万元以上，涌现出一批技术高、经验丰富的养蟹专业户，极大地提高了当地渔农民的积极性，有效地带动了当地农村发展，取得了巨大的经济效益和社会效益，是渔农民增收致富的一条有效途径。河蟹养殖业已成为当前农村产业结构调整、农民增收的主要产业，也是我国渔业生产中发展最为迅速、最具特色、最具潜力的支柱产业。

但随着养殖规模的不断扩大，河蟹养殖业也出现了一系列问题，如种质资源混杂、养殖环境恶化、病害频发、产品品质下降等，增产不增效，严重制约了我国河蟹养殖业可持续发展。针对上述问题，我们广大水产科技工作者和养殖户必须不断探索新的养殖理念，总结创新养殖技术与模式，以提高河蟹品质、规格和效益，减轻养殖业给环境带来的压力，以促进河蟹养殖业绿色健康发展。为深入宣传绿色养殖理念，我们组织编写了《河蟹绿色高效养殖技术与实例》一书。

本书汇集了编者20余年来潜心研究河蟹遗传育种和生产实践所取得的成果和丰富经验，有效结合了科研及生产推广中的最新技术成果，总结归纳了多名河蟹典型养殖示范户的成功经验，以反映我国当前河蟹养殖的现状和水平。在编写过程中，我们力求深入浅出、通俗易懂，通过简图、照片、视频、表格、文字、注解等多种方式将河蟹养殖的科学性、实用性和操作性融于一体，力求能切实帮助广大河蟹养殖爱好者与时俱进，养好蟹！因此，本书非常适合广大河蟹养殖户和水产科技推广工作者使用。

由于笔者水平有限，且河蟹养殖技术日新月异，书中疏漏和不足之处在所难免，恳请广大读者批评指正。

编　者

2020年8月

目　录　CONTENTS

第三章 河蟹绿色高效养殖技术 / 45

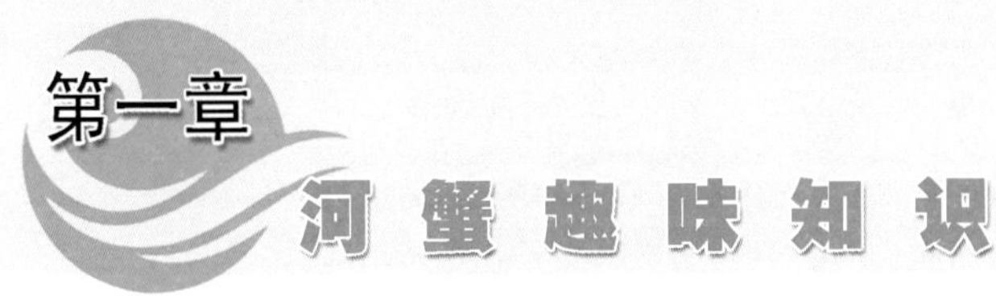

第一章 河蟹趣味知识

第一节 河蟹养殖优势

一、品种优势

（一）历史悠久

1. 自然捕捞时期

20 世纪 50 年代，河蟹基本来自天然捕捞，全国年捕捞量仅有 1 万多吨。

2. 人工增殖放流时期

1958 年后，由于水利工程的建设阻挡了河蟹溯洄通道，导致河蟹产量急剧下降。从 20 世纪 60 年代开始，为了提高捕捞产量，水产科技工作者采集天然蟹苗在主要的湖泊河流进行人工放流；1969 年放流成功，我国的河蟹养殖业随即得到空前发展。然而，好景不长，由于过度捕捞等原因，20 世纪 80 年代后期，天然蟹苗资源急剧下降，接近枯竭。

3. 人工养殖时期

20 世纪 70 年代至 80 年代末，我国相继取得了天然海水工厂化人工育苗、半咸水人工育苗和天然海水土池育苗技术的成功，并逐步走向以天然海水人工育苗为主导的产业格局。近 10 年，我国的河蟹育苗量已趋于稳定，蟹种（俗称“扣蟹”）的成活率稳步提升，成蟹产量呈现稳步上升的趋势（图 1-1、图 1-2）。

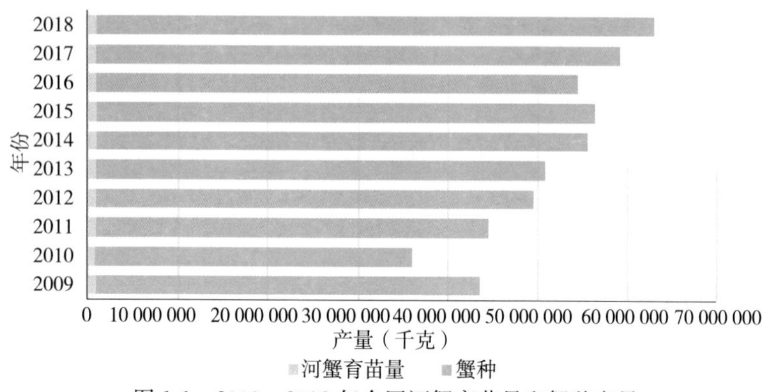

图 1-1　2009—2018 年全国河蟹育苗量和蟹种产量

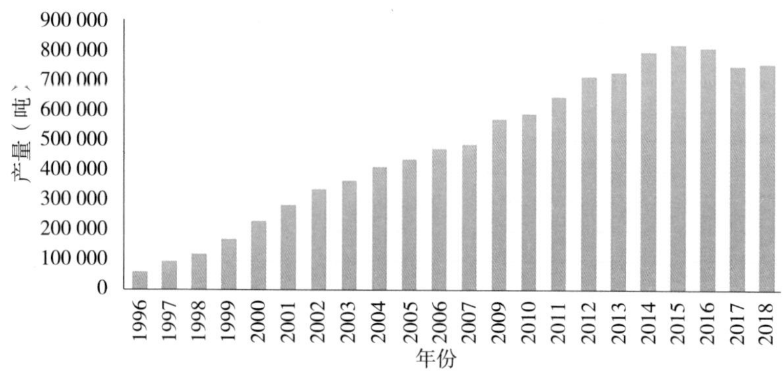

图 1-2　1996—2018 年全国河蟹产量变化

（二）比较优势

1. 规模优势

目前，国内除西藏自治区外，各省（直辖市、自治区）均有河蟹养殖，北起黑龙江，南至广东，东起鸭绿江口，西至新疆维吾尔自治区。其中，长江中下游流域为河蟹主产区。全国各类型河蟹养殖面积达 1 500 万亩*以上，养殖产量 80 万吨左右，直接经济产值可达 500 亿元以上，目前已形成较为成熟的产业链。2018 年，江

* 亩为非法定计量单位，15 亩＝1 公顷。——编者注

苏、湖北、安徽三省的养殖产量为61.27万吨，三省产量占全国河蟹养殖产量达80.95%。

2. 比较效益高

河蟹是我国产量最大的淡水蟹类，是风味独特、营养丰富的水产珍品之一。它资源蕴藏量大，一只母蟹怀卵量可达30万～50万粒，为河蟹的人工育苗技术不断突破奠定了良好的物质基础。河蟹适应性强，既可用于大水面的资源增殖，也可用于稻田综合种养、虾蟹混养、蟹鱼混养及藕田综合种养等多种形式和模式。经过30多年来的不断摸索、总结和完善，目前池塘主养河蟹逐渐成为主流，河蟹亩产量可达100千克以上，平均规格达175克以上，平均亩效益5 000元以上，高的甚至达万元以上，远高于一般常规品种的养殖效益。

（三）全产业研发

我国河蟹产业研究主要集中于河蟹优势产区，自20世纪50年代以来，长江中下游沿线的科研部门及高校开展了比较系统的研究与开发。目前，在河蟹的营养饲料、苗种繁育、生态养殖、病害防治及产品加工等产业链关键环节积累了丰富的经验、技术与资料。

1. 饲料营养研究

目前，国内已具备从饲料配方与加工、夏季营养调节与目标性营养强化到秋季育肥营养强化等环节的人工调控河蟹营养技术，通过该技术培养的河蟹“黄满、膏腴、清甜、味美”。

2. 苗种繁育技术研究

通过河蟹群体选育、杂交育种、家系选育和分子标记育种等技术，建立了完善的河蟹育种技术体系，培育出成活率高、生长潜力大的优质蟹种。目前，经全国水产原种和良种审定委员会审定的河蟹新品种共有5个：“长江1号”“长江2号”“诺亚1号”“江海21号”“光合1号”。

3. 生态养殖技术研究

当前，河蟹平均亩产量为75千克左右，但产量参差不齐，高产地区的亩产量能达到200千克。河蟹养殖正在向“低密度、大规格”生态高效养殖模式过渡；在生产组织形式上，正在由分散零星养殖向规模化集约养殖过渡；在质量控制上，正在由常规养殖向无公害、生态化养殖过渡。全国大部分主产区都已形成以河蟹品牌为引导的养殖联合体。池塘养蟹、围网养蟹、1龄商品蟹养殖、2龄大规格商品蟹养殖、生态混养等养殖方法多种多样，河蟹养殖技术不断充实完善，形成了新型河蟹生态养殖技术模式，如生态精品“863”模式、稻蟹共作模式、鱼虾蟹套养模式等。

4. 病害防治研究

近年来，科技工作者综合运用酶学、分子生物学、免疫学、组织化学等现代生物技术，从种质及营养状况、病原微生物、生态环境、养殖模式等方面进行河蟹病害防治的研究，取得了较好的成果，有效降低了河蟹主要病害的发生。如苏州大学探明了营养不均衡、水环境胁迫是河蟹“白膏症”发病的主要原因，通过对发病规律及致病机理的研究，探索出有效的防治对策。南京师范大学王文教授团队在水产螺原体病原的快速诊断和防治技术方面取得重大突破，建立了较为完整和系统的虾蟹螺原体研究体系和快速检测与防治技术，将河蟹颤抖病发病率降到3%以下。

5. 河蟹产品加工研究

河蟹产品加工销售趋于规范化。在河蟹的生产、加工及销售过程中，严格按照危害分析和关键控制点（HACCP）原则，规范质量管理，保障河蟹品质（图1-3）。

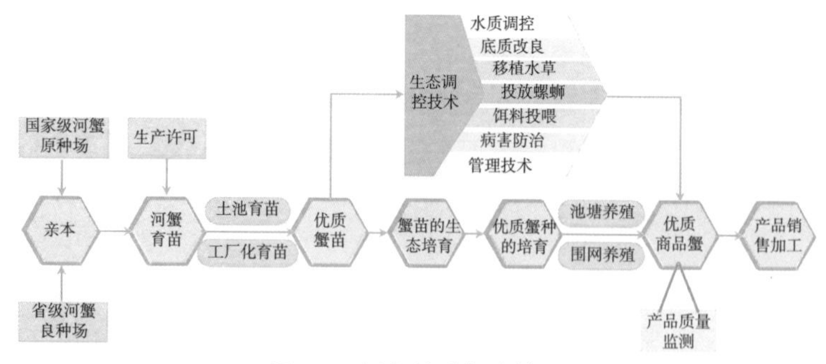

图1-3 河蟹品质保障体系

二、养殖模式绿色健康

（一）生态理念

池塘养蟹是利用池塘水体，根据生态学原理和河蟹生物学特性，通过“种草、殖螺、稀放、轮养”的健康生态养殖模式获得河蟹养殖的高产高效。例如，每亩养蟹水域放养100～500千克螺蛳、30～50尾鲢和鳙预防水体富营养化。为确保养成大规格高品质河蟹，严格控制幼蟹投放密度，一般亩放养量控制在800～1 500只蟹种。养殖过程中，投喂以天然饵料和人工配合饲料相结合，坚持少用外源性人工合成药物，使得河蟹保持大规格、原生态的高品质。

（二）养殖环境要求高

1. 养殖池塘周围环境要求

对河蟹养殖池塘的选址、设计和建造须认真进行，重点观察养殖池塘周围环境是否存在潜在的物理、化学等污染源。土壤的特征与建造在该地的池塘的水质有直接联系，如酸性土壤会使pH降低，易使重金属在水体中富集。如果养殖场与农田、工厂或矿区相连，杀虫剂或其他化学物质易通过进排水及地下水影响养殖池塘水质，进而影响河蟹正常生长。因此，养殖池塘选址须远离污染源。

2. 养殖水质要求

河蟹养殖池塘水质必须满足河蟹底栖生活的需求，即水质清新、溶解氧充足、水草资源丰富（图1-4）。水源及养殖水质具体应该满足《渔业水质标准》（GB 11607—1989）、《无公害食品　淡水养殖用水水质》（NY 5051）的要求，尽量远离工业、农业及生活污水等潜在污染源。日常管理中，应每天测定养殖水体的温度、pH、溶解氧，定期或塘口异常时测定水中氨氮、亚硝酸盐、硫化物等的含量。通过水质分析和对污染物指标的监测，建立日常塘口水质档案，指导科学合理调控水质。同时，可依据《无公害食品淡水养殖用水水质》（NY 5051）行业标准，评价、判断养殖水体是否符合基本要求。

图 1-4 河蟹生长的良好水质环境

3. 养殖土壤要求

土壤由许多颗粒构成，颗粒粒径及成分不同都会影响土壤的属性，进而影响池塘水质和水草的生长情况。河蟹养殖池塘的土壤以沙壤土为好，介于黏质土和沙质土之间，具备一定的通气性、保水性和土壤肥力，利于水草、螺蛳和水蚯蚓等水生生物的繁殖生长。通常每年养殖清塘后，需晒塘、消毒和翻耕修养（图 1-5），池塘淤泥过厚时需及时清理，为河蟹的健康生长提供良好的底栖环境。

图 1-5 冬季蟹塘休养生息

三、发展方向

（一）分工专业化

形成集“苗种繁育-蟹种培育-健康养殖-河蟹深加工-销售”于一体的全产业链，带动饲料生产、药物研发、餐饮和旅游业协同发展。产业链条纵向延伸，在“醉蟹”“盐渍蟹”“蟹黄粉”等初级加工产品的基础上研发精深加工产品；产业链横向拓展，与现代物流、连锁配送、电子商务等现代市场流通方式协同发展，促进河蟹产业向订单规模化、需求差异化和销售精确化的方向发展。

（二）订单规模化

随着河蟹养殖规模的扩大和养殖水平的提高，河蟹产业的经营机制也在探索创新，企业化、股份制等现代化企业管理元素逐渐在河蟹养殖中出现，并呈现出良好的发展势头，有效促进了河蟹产业的发展壮大。龙头企业的辐射带动，与基地、养殖户之间签订合作协议、生产合同，形成订单式生产模式，既能为河蟹的生产销售提供方便，为养殖户收益“保驾护航”，又可提高区域品牌的知名度，扩大市场需求，有效促进水产养殖资源的优化配置。

（三）需求差异化

通过大数据等方式发现消费者的细化需求，打造不同规格、不同包装、不同加工方式的产品，实现产品的多元化和差异化，建立品牌优势，保持消费者的忠诚度。

（四）销售精确化

“河蟹产业＋互联网”正在推动河蟹产业转型升级，河蟹产业迈出了电商新步伐，为业界创新打造了全新的营销物流模式。近年来，电商以有效减少流通环节、大幅度降低流通费用等优势，凭借最新信息技术和现代物流技术的应用，更大程度上提升了河蟹物流服务水平。这样的销售模式更能满足客户的精确需求，但这也对河蟹的深度加工提出了更高的要求。

第二节 河蟹市场价值

一、食用价值

（一）营养价值

河蟹肉质鲜美，人们喜食，古人曾有“不到庐山辜负目，不食螃蟹辜负腹”之佳语。红楼梦中贾府在大观园赏菊吃蟹的场面也描绘得十分生动。河蟹又是出口创汇的重要水产品，深受我国港台地区和东南亚一带消费者的喜爱。河蟹肉呈粉色或白色，晶莹剔透，具有独特的鲜甜滋味，且富含蛋白质、粗脂肪、各类氨基酸、不饱和脂肪酸，以及钠、镁、钙等常量元素。可食部分中蛋白质含量为15.45%～20.32%，粗脂肪含量为8.52%～17.33%；氨基酸种类齐全，必需氨基酸占可食部分的3.24%～5.12%；脂肪酸含量丰富，总量为可食部分的4.41%～10.96%，不饱和脂肪酸总量为可食部分的3.61%～9.29%，占脂肪酸总量的80.90%～86.45%。150～200克规格的阳澄湖雄蟹出肉率达24.2%，蛋白质含量18.9%，粗脂肪含量0.9%。可见，河蟹是良好的营养食物。

（二）赏味特点

河蟹饮食文化体现了人们对水产品营养和美味的追求，“肥、大、腥、鲜、甜”是其五大赏味特点。

1. 肥

“肥”是指河蟹肝胰腺和性腺肥满，肝胰腺指数在6.5%以上，

蟹肉出肉率在15%以上，雌蟹和雄蟹性腺指数分别达11%和3.5%以上。

2. 大

“大”一般指个体重量，雄蟹200克/只以上，雌蟹150克/只以上。

3. 腥

“腥”是指非常新鲜的河蟹呈现的一种柔和且令人愉悦的青腥蟹香。

4. 鲜

“鲜”是指可食部位中嘌呤核苷酸、谷氨酸等物质协同产生的特征性鲜美滋味。

5. 甜

“甜”是指蟹肉中游离氨基酸、甜菜碱等物质共同表达所产生的独特的鲜甜滋味。

（三）可食部分组成

河蟹的可食部分指性腺、肝胰腺和肌肉3部分，雌蟹、雄蟹三大可食部分分别占活体蟹重的30%和25%以上，其中性成熟时的河蟹性腺是人们最喜爱的部分。

1. 性腺营养物质组成

（1）雌蟹的“黄” 雌蟹性腺包括卵巢、输卵管和纳精囊等（图1-6）。性成熟时，雌蟹性腺中充满了卵和卵黄等，性腺指数可达11%以上。每年9—12月是雌蟹卵巢的快速发育期。在此期间，卵巢重量和脂肪含量迅速增加，性腺指数可高达12.4%。成熟的雌蟹性腺中，主要组分为卵黄磷蛋白（糖脂蛋白）和脂肪滴。其中，磷脂、EPA和DHA是卵巢

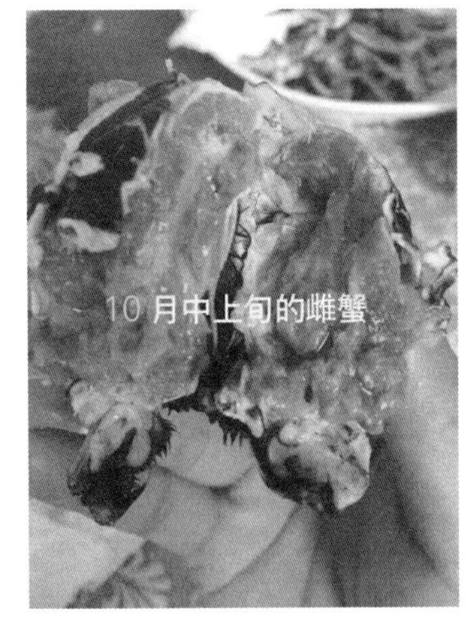

图1-6 时令“蟹黄”

发育所必需的营养成分。成熟卵巢的总脂含量约占卵巢湿重的18%，且中性脂的含量高于磷脂。

（2）雄蟹的“膏” 雄蟹性腺包括精巢、输精管、胆精囊和副性腺等，俗称“蟹膏”（图1-7），性成熟时充满了饱含精子的精荚和精浆，性腺指数可达7%以上。成熟的雄蟹性腺中，蛋白质含量较高，约15%；脂肪含量较低，约0.6%；磷脂含量占总脂含量的88%左右。

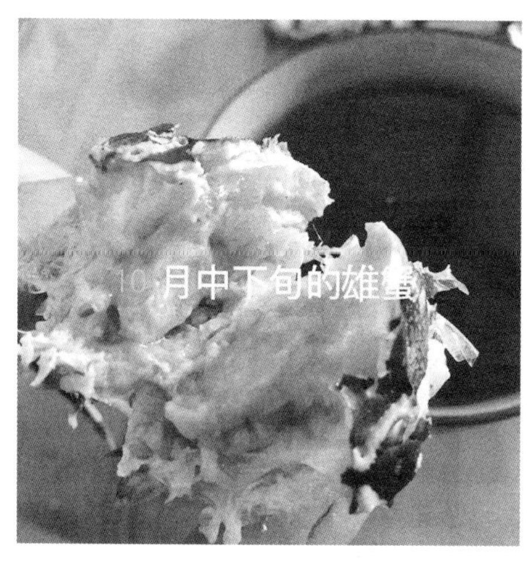

图1-7 时令“蟹膏”

2. 肝胰腺营养物质组成

中等规格的成熟雄蟹肝胰腺指数约为7.14%，湿基肝胰腺中总脂含量占23.73%，磷脂含量占总脂的10.01%；成熟雌蟹肝胰腺指数约为3.77%，湿基肝胰腺中总脂含量占28.13%，磷脂占总脂的15.58%。除蛋白质和脂类，河蟹肝胰腺还含有较高的花生四烯酸和类胡萝卜素等功能性营养物质，对于人体心血管系统、免疫系统及抗氧化系统具有重要调节作用。此外，河蟹肝胰腺中还包含己醛、糠醛、苯乙醛、2-壬酮和2，5-二甲基吡嗪等挥发性物质。这些物质赋予了河蟹独有的香气特征。

二、药用价值

河蟹除有美食价值外，还有药用价值。据历史资料记载，蟹肉具有清诸热、散血结、续断伤、理经脉、滋阴等功能。蟹壳可清热解毒、破瘀、消积、止痛等。蟹肉中富含钙、磷、钾、钠、镁、硒等矿物元素；含有丰富的维生素D，可促进人体钙的吸收。蟹壳中的虾青素是一种特殊的红色类胡萝卜素，其抗氧化功能是维生素E的500倍，具有保护皮肤和眼睛、增强免疫力、抗辐射、抗心血管老化等功效，被广泛应用于化妆品、保健品、功能食品和饲料等行业，具有巨大的市场价值（图1-8）。

图1-8　虾青素及其产品

三、其他加值

河蟹的可食部分约占整体的1/3，其余大部分为蟹壳。蟹壳经过去钙、去脂肪、漂白和脱脂酸基等化学处理后，在0.5%～2%稀醋酸中能溶成洁白透明的胶体溶液，黏度很高，可用任何比例的水稀释而不沉淀，是纺织、印染、人造纤维、造纸、木材加工、塑料以及医药等方面的重要原料之一。采用高温热解法处理蟹壳，制备高钙生物炭，钙含量高达22.91%～36.14%，可有效去除或回收水中的磷。利用蟹壳制备高含氮活性炭，用作二氧化碳的吸附剂，在工业上可用于处理工业废水，而且成本低。此外，蟹壳还可以用作油漆废水综合处理剂、饲料原料或食品添加剂。

蟹壳中富含甲壳素。甲壳素是由 *N*-乙酰氨基葡萄糖以 β-1，4-糖苷键缩合而成的线性聚合物多糖，相对分子质量从几十万到几百万不等。甲壳素结构中糖基上的 *N*-乙酰基大部分脱除后所得的产物为壳聚糖。甲壳素应用范围很广，在工业上可用于生产布料、衣物、染料、纸张以及进行水处理等；在农业上可用于杀虫剂、植物抗病毒剂，也可用于果实保鲜，还可用于处理种子以防霉菌的侵袭，保持湿度和不失养分；渔业上可作为饲料添加剂；在化妆品行业还可以制作美容剂、毛发保护、保湿剂等；医疗用品上可用于制作隐形眼镜、人工皮肤、缝合线、人工透析膜和人工血管等（图 1-9）。

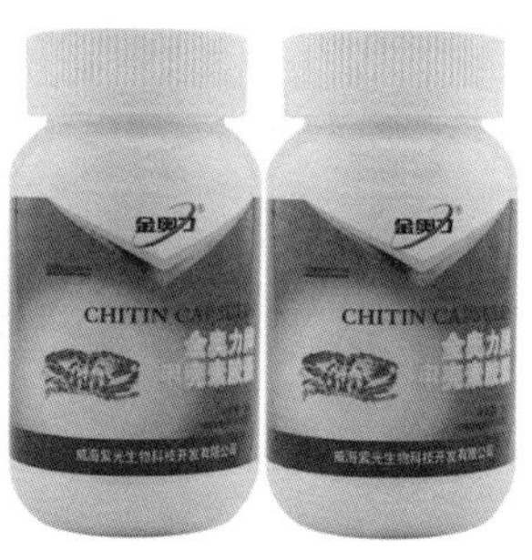

图 1-9　甲壳素及其产品

第三节　蟹文化与品牌

一、蟹文化

（一）食蟹习俗的由来

河蟹正式的名称是中华绒螯蟹，又称毛蟹、大闸蟹等，与鲍鱼、海参并称“水产三珍”，素有“美如玉珧之柱，鲜如牡蛎之房，脆比西施之舌，肥胜右军之脂”之称。我国已有 6 000 多年吃蟹的历史，自魏晋以来尤其是明清之后，关于食用螃蟹的记载越来越多。中国源远流长的食蟹史，孕育了雅俗共赏、韵味十足的蟹文化。

天下第一吃蟹人是谁？据苏州民间传说：几千年前江河湖泊里有一种双螯八足、凶恶的甲壳虫，不仅偷吃稻谷，还会用螯伤人，故称之为“夹人虫”。大禹治水时，有一个叫巴解的督工（图 1-10），为了防止“夹人虫”的侵袭，在驻地开深沟，待“夹人虫”大批进入沟中后，用沸水将其烫死。被烫死的“夹人虫”浑身通红，有一股独特的香味。巴解就拿起来吃一口，感觉味道好极了。从此，“夹人虫”便成了家喻户晓的美食。后来，人们为了感激“敢为天下先”的巴解，用解字下面加个虫字，称“夹人虫”为“蟹”，意思是巴解镇压了“夹人虫”。

图 1-10　巴　解

（二）食蟹文化

中国人食蟹历史久远，在漫长的饮食文化积淀中，形成了独特的蟹文化。宋代傅肱《蟹谱》记载：“蟹，以其横行，则曰螃蟹；以其行声，则曰郭索；以其外骨，则曰介士；以其内空，则曰无肠。”据此，蟹有许多雅号，如“铁甲将军”“无肠公子”“横行公”“含黄伯”等。品蟹与饮酒密不可分，蟹文化往往与酒文化互相交融。魏晋文人晋毕卓追求“右手持酒杯，左手持蟹螯，拍浮酒船中，便足了一生矣”。从此，逐渐发展出集品蟹、饮酒、赏菊、赋诗于一体的文化享受（图 1-11）。在享用美味的同时，文人墨客无不留下赞美的诗词，这些诗词成为中国蟹文化的重要组成部分。

摇扇对酒楼，持袂把蟹螯——唐 李白
不到庐山辜负目，不食螃蟹辜负腹——南宋 徐似道
蟹肥暂擘馋涎堕，酒绿初倾老眼明——南宋 陆游
樽前已夸蟹螯味，当日莼羹枉对人——北宋 梅尧臣
半壳含黄宜点酒，两螯斫雪劝加餐——北宋 苏轼
螯封嫩玉双双满，壳凸红脂块块香——清 曹雪芹
持螯更喜桂荫凉，泼醋擂姜兴欲狂——清 曹雪芹

图 1-11 蟹文化——古诗词

（三）食蟹的讲究

古人食蟹，有“文吃”和“武吃”。“武吃”也就是随意的“粗吃”，徒手掰开剥出即可；“文吃”则有专用的食蟹用具“蟹八件”——锤、镦、钳、铲、匙、叉、刮、针等（图 1-12），“文吃”

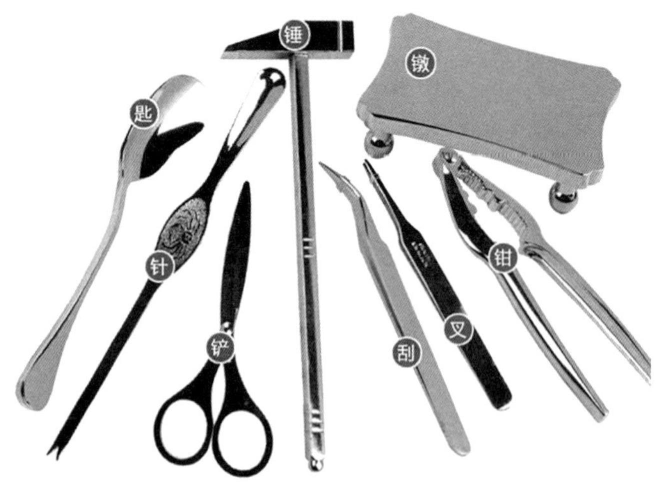

图 1-12 “蟹八件”

还能将吃剩的蟹壳完整地摆回原形或拼摆成“蟹画”。“武吃”的豪爽，加上“文吃”的雅致，经由肉、膏、黄与唇舌的缠绵，衍生出韵味十足的食蟹文化。

二、品牌发展

我国现有河蟹品牌 40 多种。总体来说，品牌数量多但知名品牌少。江苏省比较知名的品牌有“阳澄湖”“泓膏”“固城湖”“宝应湖”等地理品牌；湖北省有“梁子”“监利”“洪湖”等品牌；辽宁省有“盘锦”品牌；安徽省则有当涂县“姑溪河”、庐江县“黄陂湖”、明光市“女山湖”、无为县“小老海”、安庆市“皖江”、枞阳县“白荡湖”、望江县“武昌湖”、芜湖市“渡江宴”、五河县“五河螃蟹”、宣城市“南漪湖”等众多品牌，但缺乏知名龙头品牌。

（一）阳澄湖大闸蟹

阳澄湖，位于江苏省南部，苏州城东北 5 千米，东依上海，西临苏州，它拥有岸线 9.67 千米，岸线蜿蜒曲折，富有诗意。阳澄湖总水面 18 万亩，为太湖下游湖群之一，系古太湖的残留。湖中纵列沙埂 2 条，将阳澄湖分为东、中、西 3 湖。东湖最大，水深 1.7～2.5 米；中湖和西湖，水深 1.5～3.0 米。西纳元和塘来水，东出戚浦塘、杨林塘和济河注入长江，南出娄江与吴淞江、澄湖、淀泖湖群等相通。阳澄湖水产资源十分丰富，其中素有“蟹中之王”美称的阳澄湖清水大闸蟹更是驰名中外（图 1-13）。

（二）泓膏大闸蟹

江苏兴化河蟹产量占据全国总产量的半壁江山，形成了具有鲜明水乡生态特色的河蟹“泓膏”模式。目前，“泓膏”大闸蟹具有庞大的销售网络，覆盖国内 29 个省份。“泓膏”大闸蟹通过

图 1-13 阳澄蟹韵

了国家无公害产品、绿色食品、有机食品认证，并获得“江苏名牌产品”称号，在中国渔业协会河蟹分会举行的第二届“中国名蟹评审活动”中，“泓膏”大闸蟹夺得“中国十大名蟹”的冠军。

（三）固城湖大闸蟹

固城湖大闸蟹产于南京市高淳区固城湖，被认定为中国驰名商标，也是中国第一个水产类驰名商标、第一个中国国家地理标志产品。固城湖面积 24.3 千米^2，属长江支流水阳江下游水系，是江苏省内生态保护较好的十大湖泊之一。固城湖大闸蟹最大的优势在于价格地道、产品优质、物美价廉，这也是相对于价格高昂的其他大闸蟹而言，固城湖大闸蟹更能吸引普通大众的原因之一。南京高淳从 2001 年开始每年 9 月举办固城湖螃蟹节（图 1-14），旨在以螃蟹为载体，全面展示高淳的水乡特色、人文风采。

图 1-14　固城湖螃蟹节

（四）梁子湖大闸蟹

梁子湖是湖北省蓄水量第一大、面积第二大的淡水湖，是武汉城市圈的中心湖，也是亚洲湿地保护名录上保存较好的湿地保护区之一，被列为鄂东战略备用水源地。湖泊面积 370 千米^2，地处长江中游南岸，位于湖北省东南部，东接黄石，南邻咸宁，西接武汉，处于武汉、黄石、鄂州、咸宁 4 市之间。梁子湖大闸蟹，个大、肚白、肉鲜、味美，深受消费者青睐，行销全国（图 1-15）。2004 年，“梁子”牌梁子湖大河蟹成功注册国家地理标志保护产品，其商标相继被评为“鄂州市著名商标”和“湖北省著名商标”。

（五）盘锦河蟹

盘锦市是中国北方最大的河蟹养殖产区，主要集中在盘山县胡家镇和甜水乡，以及大洼区新兴镇和二界沟镇，以上 4 个乡镇都被评为“中国河蟹之乡”。盘锦面临渤海的辽东湾，有

图 1-15　梁子湖大闸蟹主产区及其产品

广阔的海域、充足的海水，使河蟹得以“生”。同时，盘锦境内沼泽、河滩、坑塘星罗棋布，大小河流交错纵横，苇塘数百万亩连片，如此充足的淡水资源和丰茂的水草，又使河蟹得以“长”。盘锦河蟹体形短粗而厚重，背壳色深，多黑色或铁青色；腹白、腿短、螯足多毛；有盘锦地区独特的盐碱地味道（图 1-16）。

河蟹品牌是品质、文化和口碑的深度凝结，实施河蟹品牌战略，有助于获得产品溢价，造福产业和社会。新时代河蟹品牌的建设应从良种、绿色健康养殖技术、产业链延伸、质量追溯及渠道拓展和创新等方面进行，坚持推广“良种良法”和品牌战略，持之以恒，做大做强各地河蟹产业。

图 1-16　盘锦河蟹——稻田蟹、湿地蟹、河套蟹

第二章 河蟹基本生物学特征

第一节 品种分类和地理分布

一、品种分类

（一）自然野生品种

河蟹，又名中华绒螯蟹（*Eriocheir sinensis*），也称螃蟹、毛蟹、清水蟹、大闸蟹等。在分类学上属节肢动物门、甲壳纲、软甲亚纲、十足目、方蟹科、绒螯蟹属。河蟹在我国分布很广，北自辽宁，南至福建沿海诸省通海河流中均有分布，尤其是长江中下游两岸湖泊、江河中都有其踪迹。绒螯蟹属共有以下 4 个种（图 2-1）。

1. 中华绒螯蟹（*E. sinensis*）

生长最快，个体最大，经济价值最高，我国主要养殖的河蟹即为该品种。

2. 日本绒螯蟹（*E. japonica*）

生长速度显著慢于中华绒螯蟹，个体也显著小于中华绒螯蟹，在养殖中逐渐被淘汰。

3. 狭额绒螯蟹（*E. leptognathus*）

最大个体头胸甲长一般不超过 50 毫米，养殖经济价值低。

4. 直额绒螯蟹（*E. rectus*）

最大个体头胸甲长一般不超过 50 毫米，养殖经济价值低。

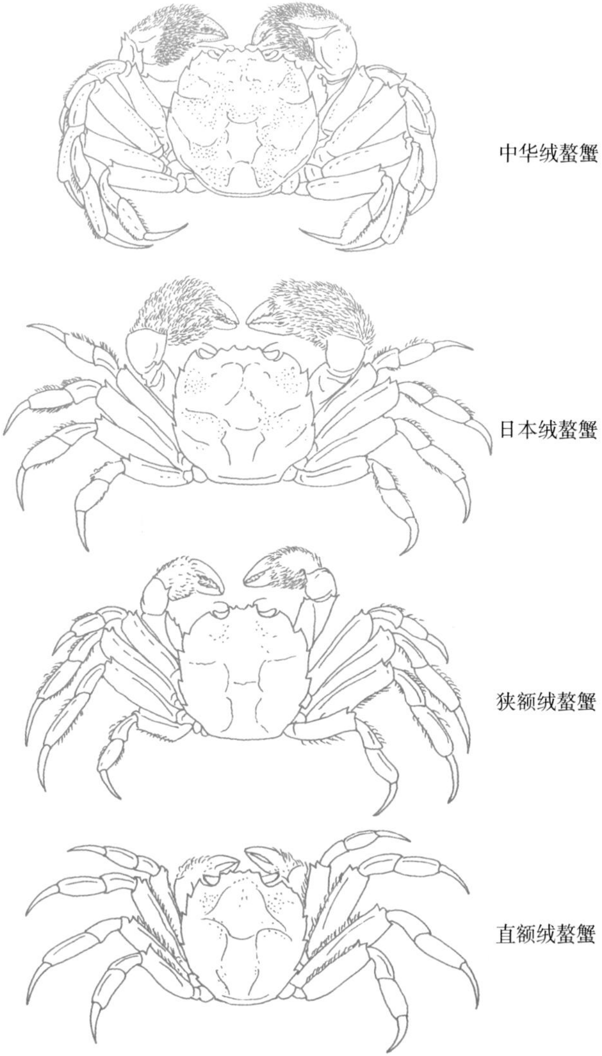

中华绒螯蟹

日本绒螯蟹

狭额绒螯蟹

直额绒螯蟹

图 2-1　4 种绒螯蟹的形态比较

（二）人工选育品种

1. 第1个淡水蟹新品种

“长江1号”河蟹（新品种登记号：GS-01-003-2011），由江苏省淡水水产研究所历经10年5代选育而成。这是江苏省迄今培育出的第1个河蟹新品种，也是我国审定通过的第1个淡水蟹类新品种。“长江1号”选育的基础群体是2000年11月从国家级江苏高淳固城湖中华绒螯蟹原种场收集、保存的长江水系中华绒螯蟹。以生长速度为主要选育指标选育而成的新品种“长江1号”形态特征显著，背甲宽大于背甲长，呈椭圆形，规格整齐，雌、雄体重变异系数均小于10%，以生长速度快、规格大获得市场认可。适宜在全国各地人为可控的淡水水体中养殖，全国累计推广养殖面积达300万亩以上。

2. 其他审定河蟹新品种

（1）“长江2号”河蟹（新品种登记号：GS-01-004-2013）由江苏省淡水水产研究所以2003年从荷兰引回的莱茵河水系中华绒螯蟹为基础群体，采用群体选育技术，以生长速度、个体规格为选育指标，经连续5代选育而成。该品种在双数年份繁苗，与“长江1号”单数年份繁苗在时间上形成无缝衔接。适宜在全国各地人工可控的淡水水体中养殖。

（2）“诺亚1号”河蟹（新品种登记号：GS-01-005-2016）由中国水产科学研究院淡水渔业研究中心联合江苏诺亚方舟农业科技有限公司和常州市武进区水产技术推广站共同培育而成。该品种以2004年和2005年在长江干流江苏仪征段分别收集挑选的中华绒螯蟹野生亲蟹689只和567只为基础群体，以生长速度、大规格为目标性状，采用群体选育技术，奇数年和偶数年分别进行，经连续5代选育而成。适宜在全国各地人为可控的淡水水体中养殖。

（3）“江海21号”河蟹（新品种登记号：GS-02-003-2015）由上海海洋大学与上海市水产研究所等单位共同培育而成。该品种以2004年和2005年从长江干流南京江段采捕的野生中华绒螯蟹、从国家级江苏高淳长江水系中华绒螯蟹原种场和国家级安徽永言河蟹原种场收集的中华绒螯蟹为保种群体，按照配套系聚合育种的技术路线，在奇数年和偶数年分别构建基础群体，以生长速度、步足长和额齿尖为选育指标，采用群体选育技术选育而成。适宜在全国各地人为可控的淡水水体中养殖。

（4）“光合 1 号”河蟹（新品种登记号：GS-01-004-2011）由盘锦光合蟹业有限公司培育而成。该品种以 2000 年从辽河入海口采集的 3 000 只野生中华绒螯蟹为基础群体（雌、雄比例为 2∶1），以体重、规格为主要选育指标，以外观形态为辅助选育指标，经连续 6 代群体选育而成。适宜在北方黑龙江、吉林、辽宁、内蒙古等地区养殖。

二、地理分布

目前，我国所养殖的河蟹，分布广泛，从南到北主要有闽江、瓯江、长江和辽河四大水系生态群，其形态特征比较见表 2-1。分布情况基本以长江水系群为轴线，向南向北呈渐变倾向，壳形由近似椭圆形趋向方圆形，且随纬度上升，身体厚度增加；体色由以白色为主，趋向黄色或青黑色；第 4 步足指节长度由细长趋向短而扁平；额齿和侧齿由大而尖锐，随纬度降低而趋向小而钝，随纬度上升而变大。养殖上称之为“长江蟹”“辽河蟹”“瓯江蟹”等，它们既非新品种，也并非亚种，乃是河蟹在不同地区的种群。

表 2-1　不同地理种群河蟹的形态特征比较

项目	闽江群	瓯江群	长江群	辽河群
头胸甲	近似方圆形，略扁	近似方圆形	不规则，椭圆形	方圆形，体较厚
背色	酱黄色	灰黄色带黑色	淡绿色或黄绿色	枣黑色或黄黑色
腹色	淡锈色	灰黄色或水锈色	银白色	黄白色

（续）

项目	闽江群	瓯江群	长江群	辽河群
刚毛	淡黄色、少而短	少、黄色、短、细	淡黄色、少而短	红黄色、粗长而密
第4步足指节	短、扁	短、宽、扁	细长	短而扁平
额齿侧齿	较小	小而钝	大而尖锐	较大
生长速度	慢、个体小	较快	快、个体大	较快

第二节　形态结构

一、外部形态

（一）头胸部

由于进化演变的缘故，河蟹的头部和胸部愈合在一起，合称为头胸部，是蟹体的主要部分。其背部覆盖着一层坚硬的背甲，也称头胸甲，俗称蟹斗（图2-2）。背甲表面起伏不平，形成许多区，与内脏位置相一致，分为胃区、肝区、心区和鳃区。头胸部的腹面为腹甲所包被。腹甲通常呈灰白色。腹甲周缘生有绒毛。生殖孔就开在腹甲上。腹甲前端正中部分为口器。口器由1对大颚、2对小颚和3对颚足自里向外层叠而成。

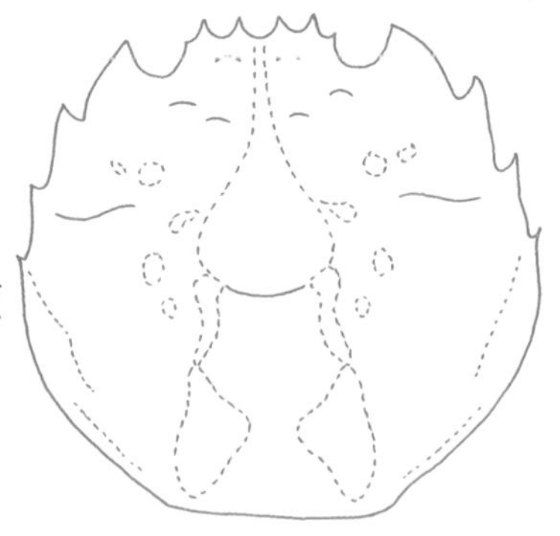

图2-2　头胸甲背面观

（二）腹部

河蟹的腹部，俗称蟹脐，共分7节，弯向前方，贴在头胸部腹面。腹部在幼蟹阶段均为狭长形；在成长过程中，雌蟹腹部渐呈圆形，俗称团脐（图 2-3），雄蟹仍为狭长三角形，称尖脐（图 2-4），是区别雌雄的显著标志之一。

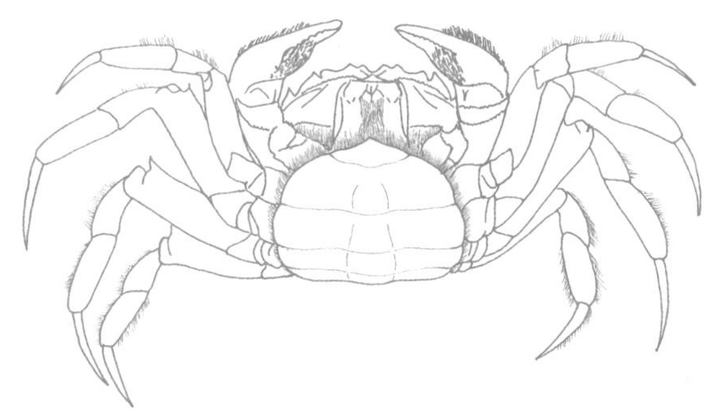

图 2-3 雌蟹腹部观

图 2-4 雄蟹腹部观

（三）胸足

胸足是胸部的附肢，是运动器官，包括 1 对螯足和 4 对步足。螯足强大，为取食和防御工具，呈钳状，掌部密生绒毛，雄蟹尤甚，也是区别雌雄性别的标志之一。第 2～5 对胸足结构相同，称步足，用于步行，其前后缘都长有刚毛，有助于游泳，腹肢多已退化。

二、解剖结构

雄蟹、雌蟹解剖图分别见图 2-5、图 2-6。

图 2-5 雄蟹解剖图

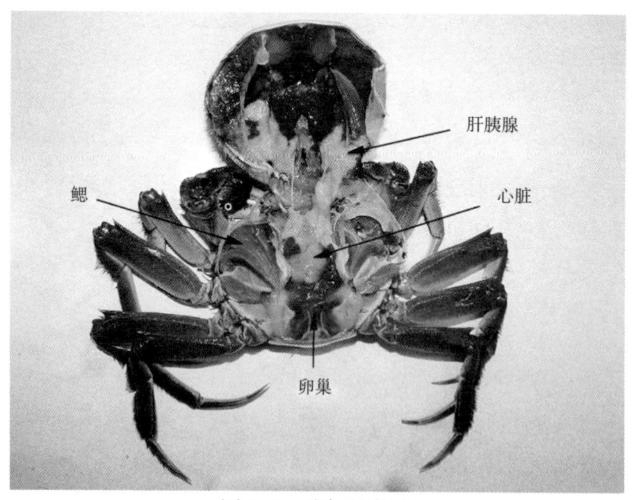

图 2-6 雌蟹解剖图

（一）消化系统

河蟹的消化系统包括口器、食道、胃、中肠、后肠、肛门消化腺。

1. 口器

位于大颚之间，被一上唇和左右两片下唇包围。

2. 食道

短且直，胃外观为三角形的囊装物，内有一咀嚼器，起磨碎食物的作用。

3. 消化腺

只有一种消化腺，即肝胰腺，呈橘黄色，由许多细枝状的盲管组成，体积很大。有 1 对肝管通入中肠，输送消化液。

（二）呼吸系统

河蟹的呼吸器官主要是鳃，共有 6 对，位于头胸部两侧的鳃腔内。鳃腔通过入水孔和出水孔与外界相通。入水孔位于大螯基部下方，出水孔位于口器旁第 2 触角基部下方。血液从鳃中的血管通过，将溶解在水中的氧气和血液中的二氧化碳通过扩散进行气体交换，完成呼吸作用。

河蟹离开水体后，仍要呼吸，这时空气通过鳃腔与鳃腔内剩余的水分混在一起，喷出来后，就会形成许多泡沫，这就是日常生活中见到的河蟹吐泡沫现象。了解河蟹的这种生理特点，对于生产中河蟹的暂养与运输有重要意义。

（三）循环系统

河蟹的循环系统由心脏、血管和血窦组成，属于管式循环系统。心脏位于头胸部的中央背甲之下，略呈五边形。血液本无色，由许多吞噬细胞（血细胞）和淋巴组成，有血清素溶解在淋巴内。河蟹经蒸煮后，体色会变红，这是由于甲壳中所含的色素质被破坏而发生变化导致的，而不是河蟹血液颜色发生变化导致的。

(四)生殖系统

1. 雌性生殖器官

性腺位于头胸部背甲下面，包括卵巢和输卵管两部分，卵巢为左右两叶，呈 H 形，卵巢成熟时为酱紫色或赤豆色。通常人们说的“蟹黄”即为成熟雌蟹肝胰腺和性腺的统称。

2. 雄性的精巢

性腺位于头胸部背甲下面，为乳白色，也分为左右 2 个，位于胃的两侧，在心脏和胃之间两精巢相连接。“蟹膏”即指成熟雄蟹的精巢、射精管、副性腺等性腺和肝胰腺的统称。

雌雄蟹生殖腺腹面观见图 2-7。

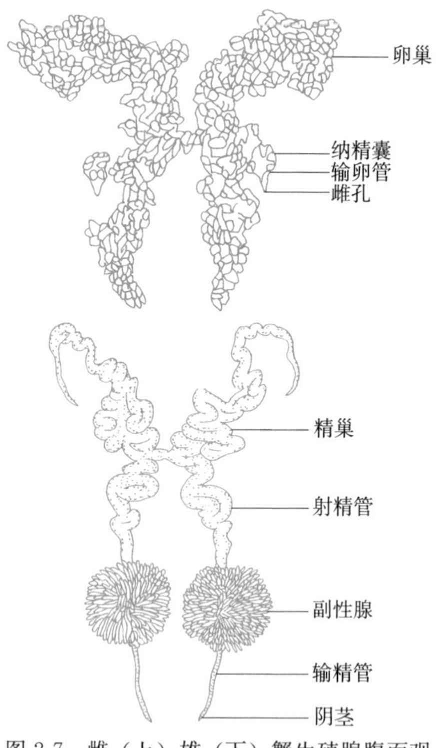

图 2-7　雌（上）雄（下）蟹生殖腺腹面观

第三节　生态习性

一、栖居习性

（一）栖息方式

河蟹的主要生活方式为底栖和穴居，且栖居方式随发育阶段不同而异。河蟹喜欢栖息在江河、湖泊的泥岸或滩涂上的洞穴里，或隐匿在石砾和水草丛等隐蔽处，在养殖密度高的水域中，大多数河蟹隐伏于水底淤泥之中。它们白天常躲藏在阴暗的地方或洞穴中，晚上或微光之下才出来活动。

冬季河蟹潜伏在洞穴中呈半休眠状态，春季气温回升时开始进行捕食等活动。河蟹有掘穴的本能，掘穴一般选择在土质坚硬的陡岸，岸边坡度在 1∶（0.2～0.3），很少在缓坡造穴，更不在平地上掘穴。成蟹穴居率为 2%～5%，雌性多于雄性，大多数掩埋于底泥中（图 2-8）。

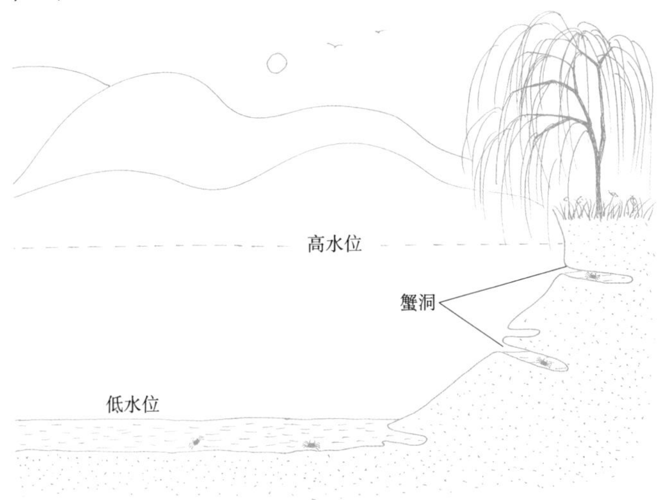

图 2-8　河蟹的洞穴示意图

人工养殖条件下，可通过营造良好的生态环境来改变其穴居的特性，如养殖池塘中，饵料与水草等条件适宜，水温 22℃以上、水位较稳定时河蟹很少穴居。

（二）对环境的适应性

1. 体色与环境

河蟹的体色会随着栖息环境的变化而变化，通常河蟹的背甲呈墨绿色。河蟹具有体色随环境变化的机能，是一种适应环境和保护自己的本领。河蟹体色的变化，主要是其甲壳下面的真皮层中色素细胞起的作用。这些色素细胞含有不同的色素质，因此会呈现出各种颜色。当这些色素颗粒向色素细胞四周呈树枝状分叉扩散时，接受光线的量变多，甲壳上的色彩就变得明显。当色素颗粒缩回而逐渐集中时，接受光线的量变少，甲壳上的颜色就不明显了。

2. 对温度的适应

河蟹对温度的适应范围较大，在 1～35℃都能生存，但它们对高温的适应能力较差，在 30℃以上的水域中，河蟹为躲避高温，其穴居的比例大大提高，特别是蟹种，如长期在 30℃以上水域中生活，就容易性早熟，因此池塘小水体养蟹时，夏季必须采取降温措施（如种植水草、提高水位等）。

3. 对光线的适应

河蟹喜欢弱光，畏强光，在水中昼伏夜出。在夜间，河蟹依靠嗅觉和一对复眼在微弱的光线下寻找食物。渔民捕捞河蟹时，就利用河蟹喜欢弱光的原理，在夜间采用灯光诱捕，捕获效率大大提高。

二、摄食与活动

（一）食性、食量与摄食

1. 食性

河蟹为杂食性，偏爱动物性食物，如鱼、虾、螺、蚌、水中的昆虫及幼虫和卵等。缺乏动物性食物时，也吃植物性食物，如水草、藻类植物或各种谷物。人工养殖条件下，河蟹除喜食螺、蚌肉外，对豆饼、小麦、玉米、土豆及南瓜等的摄食率也较高（图 2-9）。

图 2-9　河蟹食谱

2. 食量

河蟹食量大且贪食，在水质良好、水温适宜、饵料丰盛时，一昼夜可连续捕食数只螺类。另外，河蟹的耐饥能力也很强，在饵料缺乏时，近半个月不摄食也不会饿死，这种耐饥性使得河蟹的长途运输与储藏成为可能。

3. 摄食

河蟹夜间摄食

河蟹独特的咀嚼器决定了其采用咀嚼式摄食方式，捕食时靠螯足和第 2 对步足将食物送到口边，口器自行张开，食物经第 3 颚足递至大颚，由大颚咬碎，通过短的食道进入胃。河蟹还有一个习惯，即在陆地上很少摄食，往往喜欢将食物拖至水下或洞边摄食。

（二）活动

1. 活动习性

通常昼伏夜出，白天隐居于洞穴、草丛、石砾中，夜晚出来寻食，此时活动频繁。此外，还有趋光、趋流的习性。故一般驯化投喂时间为傍晚。

2. 运动特征

河蟹的攀爬能力强，其行进是向前斜行的，且行动迅速，能在地面爬行，还能在水中短暂游泳，喜爱攀越障碍，蟹苗和仔蟹能在潮湿的玻璃上垂直爬行，因此养殖过程中防逃设施很关键。

3. 争食和好斗

河蟹不仅贪食，而且还有争食和好斗的天性。主要发生在以下4种情况。

（1）人工养殖条件下，养殖密度大、饵料少，易发生争食和打斗。

（2）投喂动物性饵料时，为了争食美味可口的食物而互相打斗。

（3）在交配产卵季节，几只雄蟹为了争一只雌蟹而打斗，直至最强的雄蟹夺得雌蟹为止。

（4）食物十分缺乏时，抱卵蟹常取其自身腹部的卵来充饥，甚至残食处于蜕壳时期的同类。

三、生殖与洄游

（一）生殖发育

生产上将生殖蜕壳前体色偏黄、性腺尚未发育成熟、外表的副性征尚未形成的河蟹称为“黄蟹”；生殖蜕壳后，腹部饱满，且四周边缘绒毛密集，即为“绿蟹”（表2-2）。从外观上可对河蟹性腺发育是否成熟进行最直接的区分。

1. 卵巢变化

卵巢由乳白色变为酱紫色或豆沙色，卵巢柔软，充满于头胸甲下，卵粒大小均匀，游离松散，卵巢重超过肝重的 2.5 倍。

2. 精巢变化

精巢除体积变大外，无颜色和形状变化，故较难从外形特征来区分。精巢呈乳白色，外形似 H 形，精细胞颗粒略呈图钉或荸荠状。

表 2-2 黄蟹与绿蟹的区别

<table>
<tr><th></th><th>项目</th><th>黄蟹</th><th>绿蟹</th></tr>
<tr><td rowspan="4">外部特征</td><td>雄性螯足</td><td>掌节没有或有少量绒毛</td><td>掌节部绒毛稠密</td></tr>
<tr><td>雄性步足</td><td>刚毛稀疏</td><td>刚毛粗而长</td></tr>
<tr><td>雌性腹脐</td><td>呈“桃形”，绒毛短而疏</td><td>加宽变圆，覆盖整个头胸甲，刚毛密生</td></tr>
<tr><td>雌性步足</td><td>刚毛短而疏</td><td>刚毛长而密</td></tr>
<tr><td rowspan="2">内部特征</td><td>雄性个体</td><td rowspan="2">性腺幼稚型，肝胰腺指数大于性腺指数</td><td>性腺指数在淡水中达 1%～4%</td></tr>
<tr><td>雌性个体</td><td>性腺发育达 4 期末，性腺指数在淡水中达 10%</td></tr>
</table>

（二）洄游习性

1. 降河洄游

河蟹在淡水中生长育肥 6～8 个月，由黄蟹变为绿蟹的最后一次蜕壳后，便结束淡水生长阶段，开始成群结队地离开原栖居地，向通海的河川汇集，不远千里，长途行至咸淡水汇集处交配产卵。河蟹这种由淡水到海水中进行繁殖的过程，即为生殖洄游。

2. 人工繁殖的由来

谚语“西风响，蟹脚痒”。每年自寒露至立冬期间，河蟹性腺发育成熟，就需进行生殖洄游，繁殖下一代。生产上，人们利用人工捕捞代替其自然生殖洄游，收获绿蟹进行销售或开展后续人工繁殖。

3. 自然繁殖

（1）交配季节　每年 12 月至翌年 3 月上旬，是河蟹交配产卵的盛期。水温 10℃以上，盐度为 7～33，达性成熟的雌雄河蟹即可发情交配。

（2）抱卵蟹　受精卵黏附在雌蟹腹部腹肢的刚毛上，一般规格为 100～200 克/只的抱卵蟹的抱卵量可达 30 万～50 万粒，并可多次抱卵，但生产育苗中一般不采用 2 次或多次抱卵蟹育苗（图 2-10）。

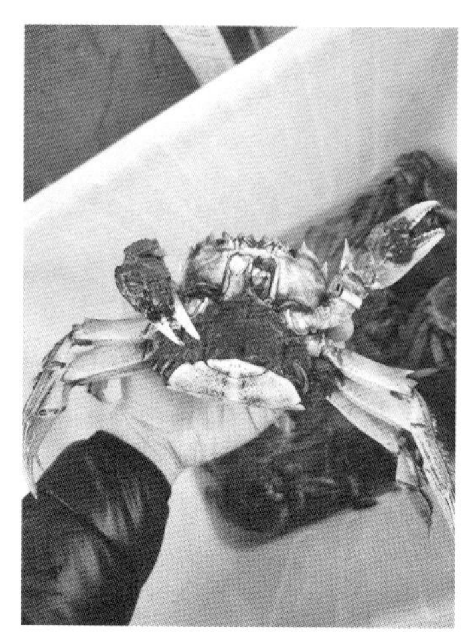

图 2-10　抱卵蟹

第四节　生长发育

一、生活史与生命周期

（一）河蟹生活史

河蟹生活史是指从精卵结合，形成受精卵，经历溞状幼体、大眼幼体、仔蟹、幼蟹、成蟹，直至死亡的整个生命过程。结合河蟹生命周期的特点，生产中可分为以下 3 个阶段（图 2-11）。

1. 蟹苗阶段

广义的蟹苗阶段包括亲蟹交配、孵幼、培育、淡化出苗及强化培育后的苗。为了提高蟹苗下塘的成活率，可在放苗前对淡化的蟹苗进行集中强化培育，即从大眼幼体起经蜕壳、生长，长成蟹形，经 1～5 次蜕壳的稚蟹，依次为Ⅰ期到Ⅴ期仔蟹，因个体如黄豆大

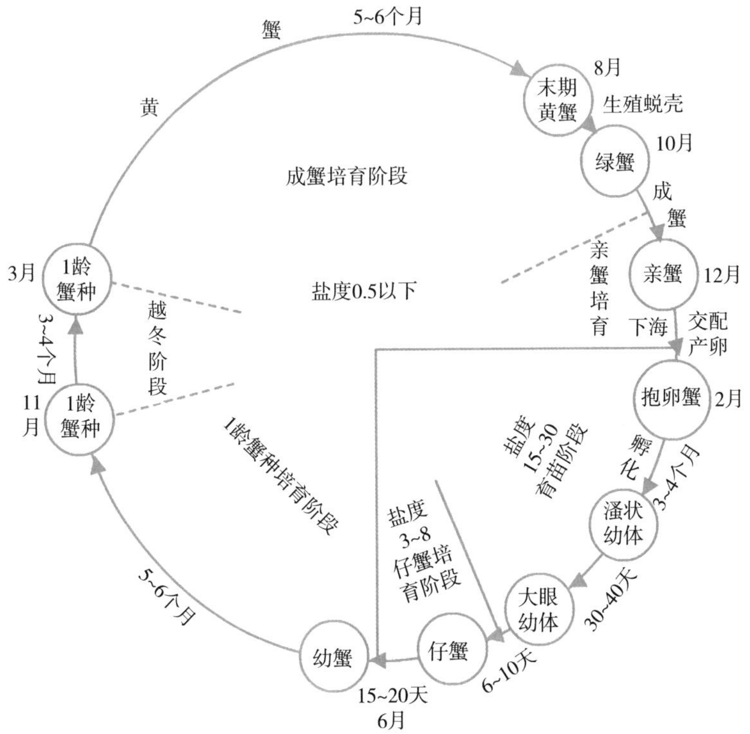

图 2-11　河蟹生活史

小，又称为豆蟹。

2. 蟹种阶段

仔蟹经数次蜕壳至当年秋天的蟹种，如纽扣般大小，即幼蟹，俗称扣蟹，此为 1 龄蟹种，生产中也可直接拿淡化过的大眼幼体进行培育直至 1 龄蟹种。

3. 成蟹阶段

性成熟前后的蟹统称为成蟹，包括“黄蟹”与“绿蟹”。

（二）生命周期

1. 河蟹的寿命

一般河蟹的寿命为 2 龄，与其性别、性腺成熟的迟早及生态环境密切相关。以河蟹群体来说，河蟹的寿命为3虚龄2足龄（24个月），性成熟后完成交配产卵即死去。从河蟹大眼幼体开始计算，雄蟹寿命为22个月，其中16～18个月在淡水水域中生活，4～6个月在河口浅海水中度过，比较集中死亡的时间在4—5月；由于雌蟹抱卵孵育后代，计算其寿命为24个月（2足龄），集中死亡时间为6—7月。因此可以说，河蟹在进行生殖洄游、繁衍后代之后就趋于死亡。

2. 超龄蟹

在密集放养的环境中，特别是在一些常年冷水性的湖泊或河流中，河蟹生长极其缓慢。在这种情况下，虽然已是2足龄的河蟹，达到正常生殖年龄，但它们的性腺尚未成熟，迟迟未能蜕壳变为“绿蟹”，仍留居江河湖泊，不能下海繁衍后代，这类河蟹的寿命可达3～4龄。

3. 低龄蟹

在高密度养殖过程中，由于积温高、饵料中动物蛋白质含量高、水中有一定含盐量等因素的影响，就会出现早熟个体，性腺早熟的河蟹不久也趋死亡，其寿命尚不足1年。蟹种培育阶段，出现的“性早熟”的蟹大部分寿命只有1年左右。

二、各生长阶段的特点

（一）胚胎发育

1. 发育过程

河蟹受精卵必须在海水（有一定盐度的水中）中才能维持其正常的胚胎发育。在自然界中，冬季水温低，受精卵发育十分缓慢，抱卵时间要长达4个月之久，到翌年春天才完成其发育期（图2-12）。

2. 温度对胚胎发育的影响

胚胎发育的速度与水温、水中溶解氧的浓度等因素有关。水温高、溶解氧充足的情况下发育快。人工繁苗技术主要通过控制水温

图 2-12　河蟹胚胎发育过程

来控制孵化和出苗时间（表 2-3）。

表 2-3　不同温度下抱卵蟹的孵化时间

水温	孵化需时间
23～25℃	14～15 天
10～18℃	30～50 天
20～23℃	20～22 天

（续）

水温	孵化需时间
23～25℃	18～20 天
高于 28℃	容易造成胚体死亡

（二）溞状幼体的发育

1. 形态特征

刚从卵孵出的幼体，因形态似水蚤故称溞状幼体。溞状幼体分头胸部和腹部两部分。头胸部近似球形，具 1 枚背刺，1 枚额刺，2 枚侧刺，1 对复眼，2 对触角，1 对大颌，2 对小颌和 2 对颌足。溞状幼体各期形态上的主要区别为第Ⅰ、第Ⅱ期溞状幼体，其颌足外肢末端的羽状刚毛数依次为 4 根、6 根、8 根、10 根和 12 根，每变态 1 次增加 2 根刚毛；尾叉内侧缘的刚毛数依次为 3 对、3 对、4 对、4 对和 5 对。

溞状幼体经过数次蜕皮才能变态为大眼幼体，也就是俗称的蟹苗（图 2-13）。

2. 生活习性

溞状幼体只能生活在一定盐度的海水中，依靠颚足外肢的划动和腹部的屈伸而运动。第Ⅰ、第Ⅱ期幼体常浮于水的表层和水池的边角，聚集成群，也具有较强的趋光性。转变成第Ⅲ期后，溞状幼体逐渐沉入底层生活，开始溯流游泳。溞状幼体不能离水，离水即死亡。溞状幼体的食性较杂，前期主要为单细胞藻类、浮游动物、蛋黄、豆浆；后期则主要为轮虫、丰年虫幼体及投喂的人工饵料。

（三）仔蟹的发育

仔蟹阶段是一个重要的过渡阶段，开始由蟹苗的生活习性逐步过渡为幼蟹和成蟹的生活习性。具体完成了以下几个过渡。

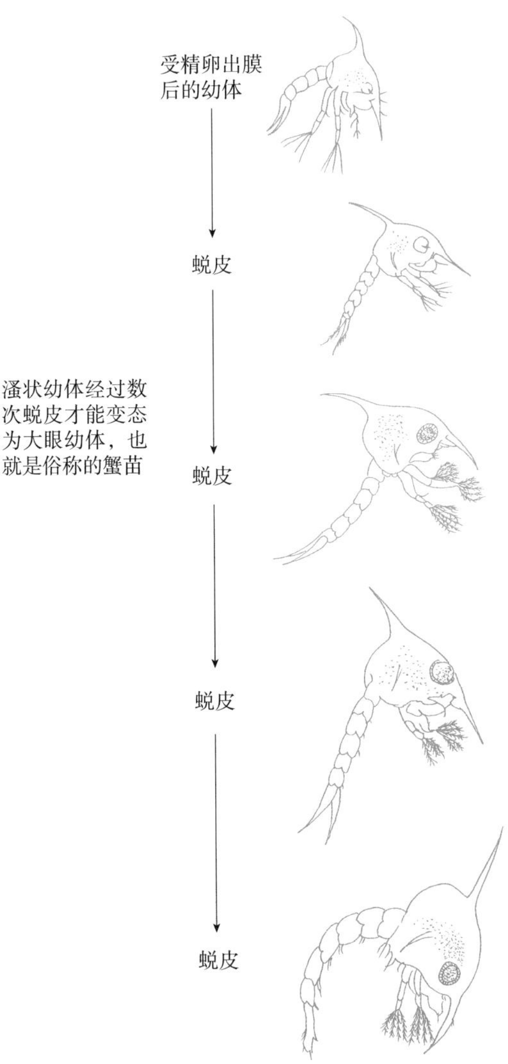

图 2-13　大眼幼体蜕皮演变

1. 盐度过渡

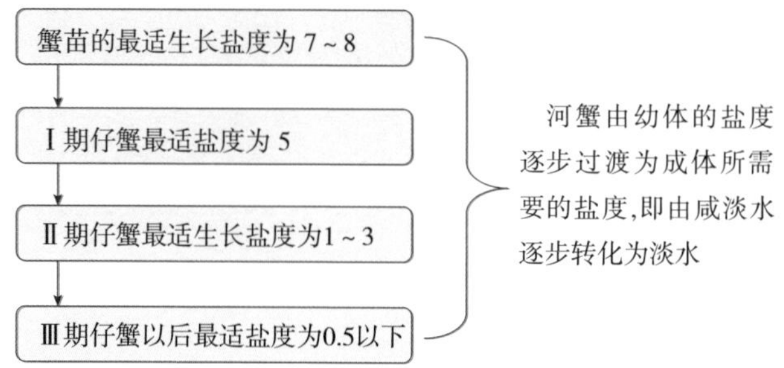

2. 习性过渡

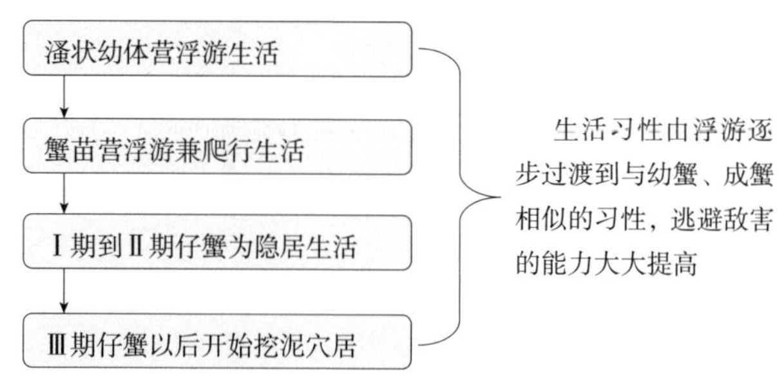

3. 食性过渡

溞状幼体阶段以摄食浮游动物为主，大眼幼体阶段以摄食浮游动物为主，兼摄食水生植物；进入幼蟹阶段，食性与成蟹阶段相似，食性杂，动、植物性饵料兼具，养殖过程中更倾向于摄食动物性饵料。

4. 形态过渡

溞状幼体阶段形态呈水蚤形，大眼幼体阶段形态呈龙虾形；而Ⅰ期、Ⅱ期仔蟹外形虽像蟹形，但其壳长仍大于壳宽，Ⅲ期仔蟹，其壳长小于壳宽，形态与幼蟹、成蟹相似。

（四）幼蟹生长

1 龄蟹种指Ⅲ期或Ⅴ期仔蟹培育到翌年的 3 月底，规格在 50～200 只/千克，这一阶段也称幼蟹阶段，在生产上称为 1 龄蟹种培育，自然捕捞高峰期在农历 9 月中旬至 10 月中旬（表 2-4）。1 龄蟹种培育是当前河蟹养殖过程中最为重要的一环。1 龄蟹种培育特点是培育周期长、蜕壳次数多、个体发育快、体重增加大。1 龄蟹种继续养殖至当年的 9—11 月，至性成熟，此为成蟹养殖阶段。

表 2-4　各期蟹种体重规格

项目	蟹种期数	平均体重（克）	规格（只/千克）	体重增长率（%）
仔蟹强化阶段培育	一期	0.012 7	78 740	—
	二期	0.031	32 258	144.1
	三期	0.065	15 384	109.6
	四期	0.15	6 666	130.8
	五期	0.3	3 333	100.0
1 龄蟹种强化培育阶段	六期	0.7	1 428	133.3
	七期	1.05	952	50.0
	八期	2.13	469	102.9
	九期	5.36	187	151.7
	十期	8	125	49.3
特大规格蟹种阶段	十一期	16	63	100
	十二期	32	31	100
	十三期	50	20	31
	十四期	100	10	100

三、蜕壳、生长、自切与再生

（一）蜕壳

1. 蜕壳的作用

河蟹蜕壳是一个复杂的生理过程，受营养、激素、环境等多种因素协同调控。狭义的蜕壳仅指河蟹从旧壳中脱出的短暂过程，而广义的蜕壳则是指贯穿河蟹整个生命周期的连续变化的过程，历经发育式变态蜕壳、生长蜕壳、生殖蜕壳。

（1）发育式变态蜕壳　在幼体发育阶段，河蟹的形态随每一次蜕壳不断发生变化，直至形态发育完善，此阶段的蜕壳称为发育式变态蜕壳。

（2）生长蜕壳　形态发育完善的幼体已具河蟹形态，每一次蜕壳均伴随着个体的增大，此阶段称为生长蜕壳。河蟹蜕壳时会先选好安静的隐蔽处所等待，蜕壳时间从几分钟到几十分钟不等，刚蜕壳的河蟹身体柔弱无力，极易受到同类或敌害的侵害。生产中，应注意为河蟹营造良好的水草等隐蔽环境，以便其顺利蜕壳（图 2-14）。

图 2-14　生长蜕壳

（3）生殖蜕壳　在洄游期，河蟹由“黄蟹”变成“绿蟹”的最后一次蜕壳，称之为生殖蜕壳。

河蟹蜕壳

2. 蜕壳次数

河蟹一生从卵中的Ⅰ期溞状幼体到最后一次蜕壳大约需蜕壳（皮）18 次，通常将溞状幼体逐步变态到大眼幼体，大眼幼体再变态为Ⅰ期仔蟹，这一阶段称为蜕皮，Ⅰ期仔蟹开始则称为蜕壳（表 2-5）。

表 2-5　各生长阶段的河蟹蜕壳（皮）

蜕壳（皮）	名　称	生长阶段
卵孵出	Ⅰ期溞状幼体	蟹苗阶段
第 1 次蜕皮	Ⅱ期溞状幼体	
第 2 次蜕皮	Ⅲ期溞状幼体	
第 3 次蜕皮	Ⅳ期溞状幼体	
第 4 次蜕皮	Ⅴ期溞状幼体	
第 5 次蜕皮	大眼幼体	
第 6 次蜕壳	Ⅰ期仔蟹	仔蟹阶段（强化培育）
第 7 次蜕壳	Ⅱ期仔蟹	
第 8 次蜕壳	Ⅲ期仔蟹	
第 9 次蜕壳	幼蟹	幼蟹阶段（1 龄蟹种培育）
第 10 次蜕壳	幼蟹	
第 11 次蜕壳	幼蟹	
第 12 次蜕壳	幼蟹	
第 13 次蜕壳	幼蟹	
第 14 次蜕壳	幼蟹	蟹种阶段（成蟹饲养）
第 15 次蜕壳	黄蟹	
第 16 次蜕壳	黄蟹	
第 17 次蜕壳	黄蟹	
第 18 次蜕壳	绿蟹	

（二）生长、自切与再生

1. 生长

河蟹的生长离不开蜕壳，其生长速度与蜕壳次数和每次蜕壳的体长体重增加倍数关系密切，如幼体期，每蜕一次壳，个体可增大约 1/2，生长后期蜕壳每次个体增大 1/6～1/4。养殖河蟹的生长速度还与投放规格、时间、蟹种来源、水温等养殖环境密切相关，特别是饵料的组成与丰盛度直接关系到河蟹的蜕壳生长，所以在河蟹养殖中强调科学饲养管理，促进河蟹蜕壳增大率，这也造就了全国各地许多因地制宜的养殖模式，养殖效益均不错。

2. 自切与再生

（1）自切　河蟹遭遇敌害时，常在附肢的基节与座节之间的关节处自我切断，这种现象称为“自切”，是其长期适应自然的一种保护性措施。故生产中捉捕河蟹时，一般不直接抓握河蟹的步足及大螯；否则，河蟹会自切逃脱，造成蟹体伤残，自残缺足的河蟹价格大大降低。

（2）再生　河蟹在最后一次蜕壳成熟前，附肢发生自切的位置均可再生新足，但功能降低，比正常的小。最后一次蜕壳性成熟后，如发生自切则不能再生。

河蟹蟹苗、蜕壳及摄食

第三章 河蟹绿色高效养殖技术

第一节 河蟹养殖场建设

一、蟹苗繁育场建设

（一）育苗方式

根据河蟹生殖洄游，一定要在海水（天然或人工）中才能繁殖的生殖规律和环境要求，制订合理的技术流程，构建相适应的繁育设施，创造与河蟹自然生长发育阶段相适应的水体生态环境，这个过程即为河蟹的人工繁殖。目前，河蟹育苗以土池方式育苗为主。

1. 天然海水土池育苗场

天然海水土池育苗即利用沿海滩地人工开挖的土池进行河蟹室外育苗。土池育苗易受气候等自然条件的影响，但由于土池育苗过程比较接近自然，其生产的蟹苗经前期的自然淘汰，后期的成活率相对较高，深受河蟹养殖户的喜爱，河蟹土池育苗在我国沿海各地得到迅速发展。

2. 人工海水土池育苗场

人工海水土池育苗场的选择比工厂化育苗选择条件要更严格。应选择近海岸、无污染、水质良好的海水水源地区，同时附近有水库或清洁河流等水质良好且充足的淡水。海水和淡水的水体重金属离子含量不能超标，必须符合渔业用水标准。随着产量的提高和成本的降低，人工海水土池育苗场逐渐成为河蟹育苗的主要方式。

3. 注意事项

育苗场地势要高，能防止海潮和内涝淹没；附近地区没有蟹苗疫病流行历史；交通方便，与公路（高速公路）相连，便于蟹苗及饲料等的运输。

（二）做好规划布局准备

1. 培育池建设

人工海水育苗土池面积一般为 1～5 亩，如果池塘较小，需配备充气增氧设施，大池则可以不用。由于幼体具有喜集群、喜顶风逆流、靠边角等习性，大部分幼体常会集中于池的上风一端。池的面积过大，绝大部分幼体过于集中，易造成局部过密，引起局部缺饵、缺氧致蟹苗大量死亡。池形呈近方形为宜，水深 1.5～1.8 米。池底要求硬底无淤泥，池塘应配备加水和换水设施，日换水能力为池水体体积的 20%～30% 。池一端设置进水阀，另一端设喇叭形底孔出水口，其喇叭口断面用筛绢网拦好，避免出水时幼体逃逸。池坡 1∶（1～1.5）。土质好的池，可以陡一些（图 3-1）。

图 3-1　人工海水育苗土池培育蟹苗

2. 清塘消毒

（1）要求　为了提高育苗成活率，使得溞状幼体生活在一个水质清净、饵料丰富、底质优良、敌害很少的环境里，育苗用水应使用新鲜、无杂物、无污染的自然海水，溶解氧在 5 毫克/升以上，前期进水须加筛绢网过滤。培育池除干塘、暴晒外，还应在育苗开始 15 天前，就对培育池加以清整和消毒，清除塘底淤泥，杀灭敌害生物，维修进排水管道等，以保证蟹苗培育工作顺利进行。

（2）方法　常见的清塘消毒药物有生石灰、漂白粉等，每亩可用 150 千克生石灰或 15 千克漂白粉。培育池清理和消毒 10 天后可进新鲜海水。育苗用水一定要经过 24 小时沉淀，进水时用 300 目筛绢网过滤，以避免敌害生物进入。进水必须在 3 月底前完成。抱卵蟹放入培育池进行孵幼时，应先用药物浸泡消毒以杀灭附着于蟹体的聚缩虫等，以防抱卵蟹蟹体对培育池水造成污染。

3. 施肥培饵

溞状幼体最适口的饵料是单细胞藻类，为了确保育苗池水体有足够的单细胞藻类，就必须在河蟹幼体孵出前 4～5 天，在育苗池注入经过过滤的海水，每亩施放硝酸铵 1～1.5 千克。同时，在池中接种事先培养好的单细胞藻液。并根据天气和水质情况，适时适量追加速效肥。这样，当幼体孵出时，就可以吃到水体中丰富且适口的单细胞藻类。

（三）基建施工要求

针对河蟹海水人工育苗土池基建施工的特点，有以下几点要求：一是加强标准化育苗池的建设，做到科学统一管理；二是土池要求建在没有疫病的区域；三是保证水泵房、进水渠道、蓄水池、过滤系统的合理配置和布局；四是坚持严抓严管，深入开展安全生产；五是加强综合管理，为工程顺利施工创造有利条件，有序推进工程的开工与投产进度；六是细化总体布局，推进标准化建设进程。通过以上措施，保质保量地完成河蟹人工海水土池育苗场的现代化改造。

二、蟹种培育场建设

（一）池塘选址及环境条件

蟹种培育池应选择靠近水源、水量充沛、水质清新、无污染、进排水方便、交通便利的土池。幼蟹培育池水质应符合《淡水养殖用水水质》的规定。具体水体要求可参照下列标准：

（1）适宜水温 15～30℃，最佳水温 22～25℃。

（2）溶解氧浓度≥5 毫克/升，尤其是池底溶解氧浓度不能低于 5 毫克/升。

（3）适宜 pH 7.0～9.0，最佳 pH 7.5～8.5。

（4）适宜透明度 30～50 厘米。

（5）氨氮（NH_3-N）浓度≤0.1 毫克/升。

（6）硫化氢（H_2S）不能检出。

（7）淤泥厚度<10 厘米。

（8）底泥总氮<0.1%。

（二）做好规划布局准备

1. 培育池建设

（1）池塘结构　培育池可选择独立塘口或在大塘中隔建，池塘形状以东西向长、南北向短的长方形为宜，池内可开挖沟宽 1.5～2.0 米的环形沟，面积 3～5 亩，水深以 0.8～1.2 米为宜，池塘埂坡比 1：（2～3）。

（2）进排水　蟹种培育池日常进排水量较大，进排水口应分别设置于池塘的对角线两角，进排水口用孔径为 0.3～0.4 毫米的尼龙绢网包扎并加固。

（3）防逃设施　四周坡面从池塘底部开始至池塘上口贴附聚乙烯网，以防止蟹掘穴成为“懒蟹”，影响蟹种成活率。防逃设施与成蟹养殖中防逃设施要求一致。所有塘口改造工作（包括准备工作）应在 4 月之前完成（图 3-2）。

图 3-2　蟹种培育池护坡及防逃设施

（4）增氧设施　每亩配备 0.75～1 千瓦的增氧设施，水车增氧机、微孔增氧机均可（图 3-3）。

图 3-3　配备水车增氧机的蟹种培育池

2. 清塘消毒

池塘基础工作完成后应及时对蟹种培育池进行彻底的清塘消毒。具体操作方法：当年4月上旬前，对准备好的池塘先加水至最大水位，然后采用密网拉网除野；同时，采用地笼诱捕捕灭敌害生物，配以茶籽饼或生石灰清塘消毒，生石灰用量为每亩150千克。1周后彻底排干池水。4月下旬起，向池内重新注入新水，再用生石灰或漂白粉消毒。

3. 移植水草

蟹种培育池在4月中旬前应开始种植水草。为使池塘适应幼蟹生长栖息的要求，池中的水草分布要均匀，多种类配置，挺水性、沉水性及漂浮性水生植物合理搭配，保持相应的比例。整个培育周期以水花生为主流水草。

（1）10亩以下的池塘，可采用“带状”布置水花生（图3-4），水花生带宽不超过3米，间隔不小于4米。

（2）10亩以上的池塘，除“带状”外，也可“点状”布置水花生（图3-5），间隔不小于4米。

图3-4　培育池设置“带状”水花生

图 3-5 培育池“点状”水花生

4. 施肥培水

（1）培水 培水的目的是繁殖培育蟹苗食用的浮游生物饵料，如果是老旧塘口则塘底较肥，每亩施过磷酸钙 22.5 千克，兑水全池均匀泼洒；如是新塘底或塘底较瘦，可每亩施 0.5 千克尿素或发酵腐熟后的有机肥 200～300 千克/亩。

蟹种养殖环境

（2）加注新水 在放苗前 7～15 天，加注 10 厘米新水。放苗前 3～5 天，加注经过滤的新水，使培育池水深达 20～30 厘米，其中新水占 50%～70%。加水后调节水色至黄褐色或黄绿色为宜。

三、成蟹养殖场建设

（一）池塘选址及环境条件

1. 水源

成蟹养殖池应选择靠近水源、水量充沛、进排水方便的地方建设，还应具有一定的防洪能力。水质要清洁，无任何工业废水污染。

水源水质应符合 GB 11607 规定，养成池水质应符合 NY 5051 规定。

2. 土质

半沙半壤质土最好，黏壤土次之，全沙质土最劣，池塘须有一定的淤泥层，但淤泥层厚不应超过 10 厘米，以利于水草、摇蚊幼虫、螺蛳等水生生物生长繁殖。

3. 其他环境条件

河蟹养殖池塘选址注意事项见图 3-6，周围环境要安静，适宜河蟹蜕壳生长。

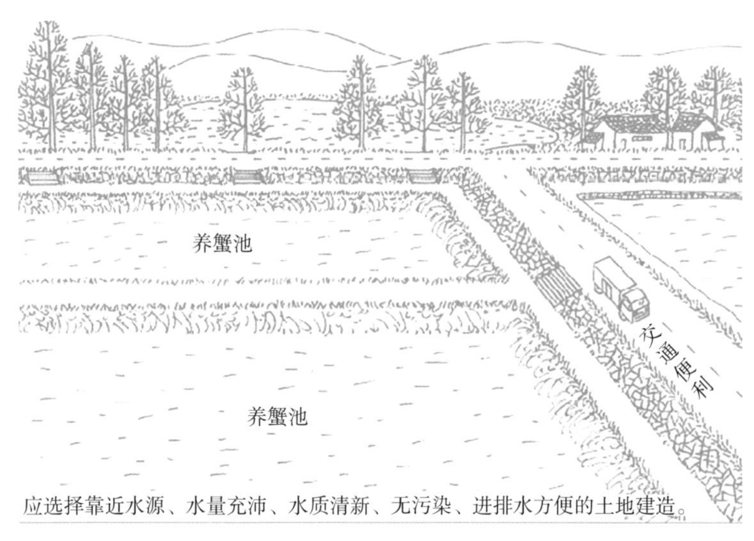

图 3-6 池塘选址要求

（二）基建施工要求

针对成蟹规模化养殖基地施工的特点，有以下几点要求：一是加强标准化养殖池塘的建设，做到科学统一管理；二是保证进排水渠道及过滤系统的合理配置和布局（图 3-7）；三是有条件的应统筹考虑部分水面用于养殖尾水的集中净化、循环再利用；四是加强综合管理，为工程顺利施工创造有利条件，有序推进工程的开工与投产；五是细化总体布局，推进标准化建设进程。

（三）做好规划布局准备

1. 池塘结构

（1）面积与形状　养蟹池的面积没有严格要求，而规模化养殖建议面积10～30亩/个为宜，池塘形状为东西向长、南北向短的长方形。水深以1.2～1.5米为宜，如果池水过深，池底光照条件差，则不利于水草生长；如池水过浅，则夏季水温高，对河蟹吃食和生长不利。

图3-7　塘口改造（沟渠、进排水）

（2）埂坡与环形蟹沟　池塘埂坡比1∶（2～3），蟹池内侧斜坡如果过陡，易受水浪波动冲击和河蟹掘动引起塘埂滑坡或坍塌，有条件的用聚乙烯网片覆膜护坡。池内四周应开挖环形蟹沟，池底平坦、面积30亩以上的池塘还应加挖“井”字形沟。蟹沟宽3米、深0.8米（图3-8）。

图3-8　蟹池修整开挖

（3）防逃设施　塘埂四周建防逃设施。防逃设施高 60 厘米，防逃设施的材料可选用钙塑板、铝板、石棉板、玻璃钢、白铁皮、尼龙薄膜等，并以木桩、钢管等作为防逃设施的支撑物。防逃设施见图 3-9。

图 3-9　防逃设施

2. 适时清淤

冬春季清塘时，除用药物彻底消毒外，还须清除过多的淤泥，因淤泥中存在过多的有机质，在溶解氧较低时，易引起水质、底质恶化，产生硫化氢、氨等有害物质危害河蟹，同时不利于水草生长（图 3-10）。

3. 配套微孔增氧设施

（1）功率选择　微孔增氧设施每亩配套功率为 0.2～0.5 千瓦。5 亩以下配备 1.1 千瓦以上的气泵 1 台，5 亩以上 10 亩以下配备功率为 2.2 千瓦以上的气泵 1 台，外加内径 60 毫米以上的总供气管（可采用 PVC 管）和内径为 12 毫米的微孔橡胶软管。

（2）安装方法　将总供气管架设在池塘中间，高出池水 30～50 厘米，南北向贯穿整个池塘。在总供气管两侧每间隔 4～8 米，水平设置一条微孔橡胶软管，一端接在总供气管上，另一端则延伸至离池边 1 米处，并用固定桩将微孔增氧盘固定在距池底 10～15

图 3-10　池塘冬季休养清淤

厘米之处（图 3-11）。

图 3-11　微孔增氧设施

4. 种草移螺

（1）栽种水草　水草除了作为河蟹的天然饵料外，还可净化水质，以及进行光合作用制造氧气，还是河蟹蜕壳生长的最佳场所。因此，必须种植水草。沉水植物种植伊乐藻、轮叶黑藻、黄丝草、苦草等，挺水植物种植茭白、慈姑等，浮叶植物移植菱藕、水花生等。水草种植面积一般占水面的50%～60%（图3-12）。

图3-12 早期“点状”栽种水草

（2）移殖螺蛳 螺蛳是河蟹喜食的动物性活饵料。同时，螺蛳的滤食作用又直接降低了水体肥度，净化作用明显。一般每亩池塘投放螺蛳300～500千克。一般在清明前后投放。

（3）微生态制剂调水 PSB（光合细菌）、EM菌等微生态制剂，可转化吸收水体中的氨氮、硫化氢等有害物质。经常使用，净化水质、改善底质效果明显。亩用量一般为1～1.5千克（1米水深）。

第二节 良种选育技术

一、亲蟹挑选与暂养

（一）亲蟹挑选

1. 挑选标准

（1）看水系 湖泊、江河等大水面的亲蟹较好，以长江水系的河蟹最好。

（2）看个体　健壮、肢全、活力强、脐饱满、无伤病。

（3）看规格　体重介于100～150克为宜。

（4）看来源　宜选择两个地区以上的雌雄个体杂交，有条件的可以选择养殖本地的雌蟹和异地的雄蟹进行杂交。

（5）雌雄比例　控制在（2～3）∶1。

（6）看时间　长江中下游在霜降前后，10月下旬为宜，即水温开始明显下降，成蟹上市的高峰期之后。

2. 注意事项

（1）发病史　应注意养殖区域同一水系中确保无发病和污染源，成蟹养殖过程中确保无发病现象。

（2）亲本来源　目前，河蟹种质资源混杂，长江蟹、黄河蟹、瓯江蟹及辽河蟹在各处均有养殖。为了确保河蟹优良经济性状得以延续，各育苗场应避免选用生长缓慢、个体偏小的其他水系河蟹。应选择具有长江水系特征的亲蟹作为人工繁育的亲本。

人工繁育流程见图3-13。

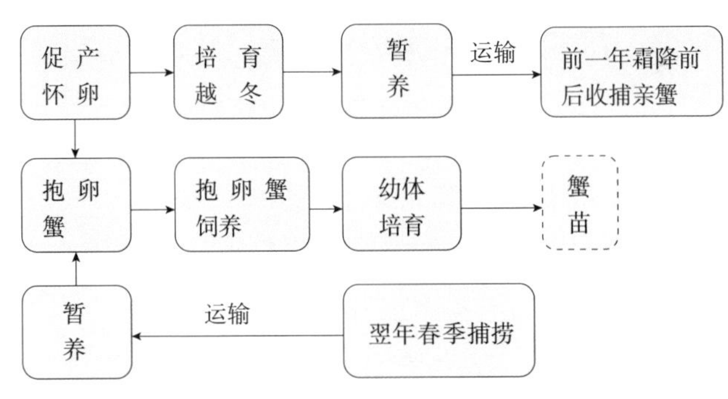

图3-13　人工繁育流程

（二）亲蟹暂养

1. 运输注意事项

选择好的亲蟹，按雌雄3∶1的比例且雌雄分开包装，运往育苗场。亲蟹的运装要细致、迅速，应尽量避开雾天运输亲蟹。到达目的地后，应及时拆包，按雌雄分别放入专池中进行暂养。

2. 日常管理

暂养池亲蟹放养密度可按每亩 100 千克为上限，暂养日常管理须认真细心，特别是开始几天尤其要注意观察，防止因环境变化引起亲蟹逃逸。暂养期间要加强投饵。为了增强亲蟹体质，投喂应以新鲜活动物性饵料为主，辅投一些植物性饵料。

3. 盐度控制

蟹刚放入亲蟹池盐度控制在 5 以内。如果亲蟹肥满度不够，应在淡水中强化培育 10 天左右。待育肥达标后再逐渐增加海水，提高盐度，待达 10 左右时适当稳定 1 周。暂不交配的种蟹暂养水盐度无须提高。

二、配对交配

河蟹交配促产的适宜水温为 10～12℃。所以在水温达 12℃左右时，在风和日丽的天气，选择性腺发育良好的亲蟹，按雌雄 3∶1 的比例，混合暂养及让其自然交配，此时池水盐度为 15～18。实践证明，不同的交配方式对后代的发育、育苗产量及质量均有极大影响。通常在海水刺激 2 周后，即可干塘，并视雌蟹抱卵情况及时捕出雄蟹，重新注入相同盐度的海水，进行抱卵蟹饲养。

三、抱卵蟹管理

（一）抱卵蟹越冬

1. 饲养密度

受精卵胚胎发育需 1～2 个月，为了确保抱卵蟹安全越冬，要强化饲养管理。以室外土池越冬为好，抱卵蟹放养密度不宜过大，以每亩 500～600 只为宜（图 3-14）。

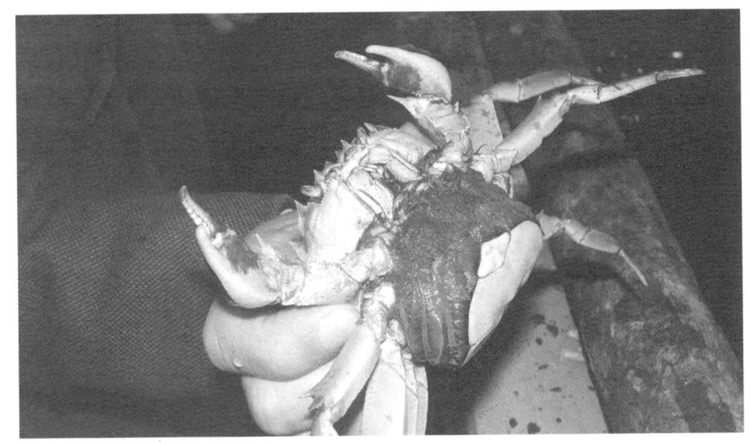

图 3-14 抱卵蟹

2. 水质管理

换水时应注意水环境不能变化过大，可以将要换的水事先在另一个池中调好再加入亲蟹池。在冬季结冰时要注意经常将冰层砸开，以防止水体缺氧。在实际育苗中需要分批从亲蟹池中拿出部分抱卵蟹，此时可将绝大多数池水抽到另一个空池中，待拿出抱卵蟹后再将原水返回亲蟹池，损耗的水可用调好的新水加以补充。

3. 调节育苗时间

定期观察胚胎发育是否正常。抱卵蟹的暂养管理应与育苗生产密切关联，根据育苗生产安排，适时挑选胚胎发育良好的抱卵蟹提前进行提温催产或采取降温措施延缓其发育，以便延长育苗期。

4. 注意事项

（1）严格按标准选择好的亲蟹和抱卵蟹，催肥促壮后再促产。

（2）投饵适量、适口、鲜活，足量但不可过剩，以免水质变坏。

（3）勤换水，保持水质清新、盐度稳定，保持良好的生态条件。

（4）按照胚胎发育各期的要求，控制好水温。

（二）抱卵蟹的提温催产

1. 孵幼过程

为了满足河蟹养殖生产对早春蟹苗和夏初蟹苗的不同需求，生产上要使抱卵蟹提早或推迟孵化幼体，这就要求能够控制抱卵蟹的孵幼时间，有计划地分批孵幼培育。目前通过调控温度达到提前产苗。通过对抱卵蟹辅以连续送气、充分供饵和经常换水等措施，逐渐将水体加温至15～20℃，受精卵的胚胎发育可在20天左右完成，幼体即可孵化出膜。

2. 孵幼时间

河蟹受精卵胚胎发育的进程主要受溶解氧和温度影响。尤其是2月中旬前育苗，抱卵蟹提温需缓慢且不少于40天；否则，易造成胚胎发育不同步，出现死卵、脱卵等现象，孵出的Ⅰ期溞状幼体质量差。若在3月至4月中旬育苗，因抱卵蟹在越冬期间本身有一定的积温，提温速度可快些，控制在20天孵化即可。4月下旬以后育苗，因自然水温逐渐升高，胚胎在越冬池内即可自然发育，移到室内稍加提温而不用人为提温即可孵化。

3. 提早育苗的注意事项

（1）环境设施　提温培育通常在室内水泥池内进行。为避免亲蟹受伤感染，要尽量模仿河蟹生长的自然环境，可采取遮光、放置隐蔽物等措施，保证池壁光滑，或用厚塑料薄膜附在池壁上，池底设置瓦片等光滑材料作为隐蔽物，给河蟹营造一个安逸的生活环境。根据河蟹摄食情况，适量投喂鲜活饵料，如沙蚕、蛤肉等。保持水质清新和池底清洁。池内要有完整的充气设施。一般每平方米放置抱卵蟹不超过30只（图3-15）。

（2）温度控制　早苗提温阶段的工作，一般采取前期快、后期慢的方法。刚从室外土池拿出的抱卵蟹用事先准备好的室内暂养池或原土池的清洁水冲洗干净，选择肢体完整、无伤残、卵色呈咖啡色的个体，再放入提温池。将抱卵蟹从室外土池移入室内

图 3-15 温室培育池

水泥池时，应注意室内外水温差距不可过大，一般控制在 2℃以内。注意在胚胎发育到原肠期之前温度绝对不能剧变。在亲蟹提温过程中要经常检查胚胎发育进展情况，尤其是后期气温越来越高，抱卵蟹在室外已经发育到一定程度，很容易出现死卵现象。

具体提温方法：12℃前，每 1～2 天提升 1℃；12～16℃时，每 3～4 天提升 1℃；16℃以后根据胚胎发育情况，灵活掌握育苗时间。如胚胎发育较平稳，可继续以 3～4 天提升 1℃的速度提温；如发育较慢，可在 16℃时稳定一段时间（表 3-1）。

表 3-1 不同育苗时期的水温控制

育苗时期	水温控制
2 月中旬前育苗	提温不少于 40 天（如提温过快，会造成胚胎发育不同步，出现死、脱卵现象，孵出的Ⅰ期溞状幼体质量差）
3—4 月中旬育苗	提温控制在 20～25 天即可（因抱卵蟹在越冬期间本身有一定的积温，提温速度可快些）

（续）

育苗时期	水温控制
4月下旬后育苗	不需人工提温，胚胎可自然发育，20天左右即可孵化

（3）水质管理　暂养池可根据水质情况决定换水与否，一般7天左右彻底换水1次，清除残饵和死蟹，并检查是否有因受伤而被感染的病蟹，如果发现应及时清理。换水时必须事先将水调好，使温度、盐度与换水前的水一致。随着温度的升高，亲蟹摄食量也在增加，应注意加大投饵量。一般每15天左右结合彻底换水对抱卵蟹和提温池进行1次消毒（图3-16）。

图3-16　提温池消毒

（三）抱卵蟹的降温保存

1. 降温的一般方法

为了有效延缓抱卵蟹受精卵的胚胎发育，可以使抱卵蟹长时间在低温（5℃以下）条件下饲养，则孵幼出膜可历时数月之久。这就能使分批孵幼、分批育苗成为可能。目前，生产中降温保存抱卵蟹最常用的方法有两种。一种是在冷库的地下水泥池室内越冬；另一种是在大棚土池置冰，室外越冬。

2. 低温保存注意事项

（1）保种室准备　育苗后期因室外自然水温不断升高，抱卵蟹自然发育进度无法与生产计划同步，为防止过早产幼，应该在室外水温逐步升高达到8℃左右将抱卵蟹移入低温保种室。土池保种室应在池底设置隐蔽物，水泥池可以铺沙、放脊瓦或席篓；为提高水体利用率也可以将抱卵蟹装入蟹笼放置在低温池里（图3-17）。在抱卵蟹进池前应将所有池口和工（器）具进行严格消毒。

（2）日常管理　饵料应以沙蚕等优质活动物性饵料为主，在投喂前应对饵料消毒。土池可以间断充气，水泥池如果密度较大，应采取连续充气方式。换水前应将新鲜水的温度和盐度调到与原池水相同。

（3）温度控制　由于后期自然水温较高，在将抱卵蟹分批移出时应在保种室内选择一个空池，保留部分原池水，再适当添加自然水缓慢升温，尽量缩小与提温池的温差，也可在提温池中投放冰块先将水降温再让其自然升温。从近几年的实践来看，土池保温室不仅造价低廉，而且抱卵蟹的发育和成活率均较稳定。后期土池如果温度较高可以适当放置冰块降温。

图3-17　蟹　笼

3. 延迟育苗生产

为了确保育苗生产所用的抱卵蟹均为首次抱卵蟹，可将选育的亲蟹雌雄分开，放入淡水池塘中暂养，通过低温控制，使淡水饲养的亲蟹推迟到 4 月中、下旬再进行人工交配促产，也能达到推迟抱卵蟹孵幼的目的。这就使得育苗生产中繁育第 2 批蟹苗时，仍然能使用第 1 次抱卵的亲蟹。

第三节　优质蟹种绿色高效养殖技术

一、放苗前准备

伴随河蟹养殖业的迅猛发展，渔民已有丰富的养殖经验和较高的技术水平。渔民普遍认识到从外地购买的蟹种存在长途运输易损伤、环境差异有应激反应、质量难以追溯等缺点，养殖户越来越倾向于选用本地培育的蟹种进行养殖，这使得蟹种培育业在本地区得以蓬勃发展。本节介绍一种优质蟹种绿色高效养殖技术。

（一）池塘准备

1. 池塘条件

蟹种培育池塘土壤以黏壤土为最优，一般东西走向，呈狭长形，池底平整。面积以 3～5 亩为宜，便于养殖管理。池埂宽 2 米以上，坡比 1∶（2.5～3），同时要求水源充足、水质良好，池深 0.8～1.2 米。为防止蟹种在池坡上打洞造成塘埂坍塌进而影响其生长，在池塘底部沿埂四周挖宽 10 厘米、深 20 厘米的深沟，将聚乙烯网布的底端埋入沟中，再把网布拉直平铺在池坡上，网布顶端覆上泥土（图 3-18）。

2. 防逃设施

（1）可选材料　可选用地砖、钙塑板、聚乙烯网布、水泥板和

图 3-18　蟹种培育池塘底设施改造

玻璃钢等材料，但使用最广泛、效果最好的还是钙塑板和聚乙烯网布建造的综合防逃设施。

（2）建造方法　在池塘底部沿埂四周挖宽 10 厘米、深 20 厘米的深沟，将网布的底端埋入沟中，再把网布拉直平铺在池坡上，网布顶端覆上泥土，防止蟹种在池坡上打洞影响其生长。同时，沿埂四周用聚乙烯网布架设防逃设施，网布内侧贴一层塑料板，既可防止蟹种外逃，又可防止敌害生物侵入。在防逃设施外侧，再用钙塑板沿埂边围成一圈，每隔 3 米用一根木桩固定，保证拐角处为弧形。进出水口也是防逃设施建设的关键，可用密眼铁丝网来遮挡。

3. 安装微孔增氧设备

微孔增氧具有使溶解氧分布均匀、增氧效果好的特点，一般每亩池塘配套 0.2～0.5 千瓦的罗茨鼓风机（图 3-19）。增氧管道安装方法为总供气管道采用直径为 60 毫米的 PVC 管，支供气管道采用直径为 12 毫米的微孔橡胶软管。将总供气管呈南北向架设在池塘中间上部，高于池底130～140厘米；支供气管道一般长度为3～5米，采取条式铺设，间距为4～8米。将支供气管道一端接到总供气管上，另一端连接微孔橡胶管；微孔橡胶管水平铺设在高于池底10～15厘米处，并用竹桩固定在距池埂1米远的地方。

图3-19　微孔增氧用罗茨鼓风机

4. 搭配种植多品种水草

（1）栽种时间　4月中旬开始，在蟹苗下池前20～30天种植水草。若为新塘口，则前一年秋冬季节栽种水草更好。

（2）搭配品种　池塘消毒结束后3～7天可栽种水草，适宜在蟹种池种植的水草以水花生为主，搭配少量伊乐藻和轮叶黑藻等。

（3）种植方式　采用“带状”或“点状”栽种水花生，间距不少于4米，水花生带宽50～80厘米，并打桩、用绳固定，以防止水花生随风漂浮；将伊乐藻镶嵌栽种在水花生带之间，株距1.5米；待河沟、湖泊等自然长出浮萍后，将其接种到池塘中，水草覆盖率不超过池塘水面的60%。此种方式改变了以往水花生培育蟹种的单一水草栽种模式，弥补了水花生水下空间利用率低且生长速度过快容易造成“封塘”的不足，为蟹苗提供丰富的植物性饵料和更加舒适的生长环境（图 3-20）。

图 3-20　蟹种培育池水草布局

（二）施肥培水

1. 肥水方法

蟹苗放养前应对蟹苗培育池进行施肥培水，以促进蟹苗饵料生物生长。具体操作为在放苗前 7～15 天，加注 10 厘米新水。若是老养殖塘口，塘底较肥，每亩施过磷酸钙 2～2.5 千克，和水全池泼洒。而对新开挖塘口，则每亩另加尿素 0.5 千克，或每亩施用腐熟发酵后的有机肥 150～250 千克。

2. 水质调控

放苗前 3～5 天，加注经过滤的新水，使培育池水深达 20～30 厘米，其中新水占 50%～70%。加水后调节水色至黄褐色或黄绿色。放苗时水位加至 60～80 厘米，透明度为 50 厘米，适度肥水为蟹苗提供天然饵料。如有条件，放苗前进行一次水质化验，测定水中氨氮、硝酸氮、pH；如果超标，应立即将老水抽掉，换注新水。

（三）选购蟹苗标准

1. 感官判断

蟹苗质量是影响蟹种培育成活率的关键因素，选购优质大眼幼体，除注重品系外，质量掌握上应做到“三看”。

（1）“一看”体色是否一致　优质蟹苗体色深浅一致，呈金黄色或姜黄色，稍带光泽。劣质蟹苗体色深浅不一，体色透明的嫩苗和体色较深的老苗参差不齐。

（2）“二看”群体规格是否均匀　同一批蟹苗日龄、大小规格必须整齐，要求80%以上相同。

（3）“三看”活动能力强弱　蟹苗沥干水后，用手抓一把轻轻一捏，再放在蟹苗箱内，视其活动情况。如用手抓时，手心有粗糙感，放入苗箱后，蟹苗能迅速向四面散开，则是优质苗。

图 3-21　蟹苗打样

2. 随机打样

随机打样检查，随机称取1～2克蟹苗，折算数量，每千克14万～20万只为正常，14万只以下为优质苗，22万～26万只为劣质苗（图3-21）。

3. 了解蟹苗来源

（1）亲本信息　应选购优质、经过淡化的长江水系河蟹蟹苗。一般采取“选送亲本、定点繁苗”的方法，挑选规格在125克/只以上的雌蟹，175克/只以上的雄蟹，送至蟹苗繁育场进行土池繁苗。

（2）育苗场信息　选购蟹苗前应对育苗场的生产情况进行初步了解，如有条件应掌握育苗单位使用的育苗亲蟹的来源、规格、孵化、交配、放幼等情况。蟹苗出池温度与培育池水温之差应控制在2～5℃（表3-2）。

表 3-2 了解蟹苗本底

项目	要求
亲蟹纯杂	纯正的长江水系河蟹亲本
亲蟹来源	优势主产区
亲蟹规格	雌蟹 100 克/只以上，雄蟹 125 克/只以上
亲蟹体质	活力强，无肢残
育苗水质	无污染，水质好
幼体变态发育状况	良好，变态发育整齐
饵料种类	动植物性饵料均衡的为佳
用药情况	有无使用国家违禁药物或反复使用抗生素
育苗水温	19～25℃
育苗盐度及下降幅度	蟹苗淡化盐度 3 以下，淡化 4 天以上

二、池塘精养技术

（一）清塘消毒

1. 新塘口消毒

放养前，蟹苗培育池须彻底清塘消毒。具体操作方法为当年 4 月上旬，对选择好的池塘先加水至最大水位，然后采用密网拉网除野；同时，采用地笼诱捕捕杀敌害生物，1 周后彻底排干池水。4 月下旬起向池内重新注入新水，用生石灰消毒，用量为每亩 150 千克。

2. 老塘口消毒

若是老塘，则要清除池底过多的淤泥，使淤泥深度在 10 厘米以下，并充分暴晒 1 个月后，进行池塘消毒，用生石灰 400 千克/亩兑水全池泼洒，翌日耕耙底泥，提高生石灰的功效，然后加满池水浸泡 2～3 天，不但能彻底杀灭野杂鱼等敌害生物及各种病原菌，而且可以改善池底土质，并增加水中钙离子的含量，有利于蟹苗的蜕壳生长。

（二）蟹苗投放

1. 蟹苗运输

（1）运输方法 运输过程主要采取干法运输，用自制的 60 厘米×40厘米×8厘米长方体木箱运输，箱框四周各开一个窗孔，箱框和箱子底部安装网纱，以防止蟹苗逃逸（图3-22）。每个木箱可装蟹苗0.8～1千克，10～15个箱体垒放成一叠（一层加一层堆起来为叠），最下层不放苗，便于透气。

图3-22　运输用蟹苗箱

（2）注意事项

①保湿。运输途中用潮湿的毛巾覆盖在木箱外部，有利于保持箱体在运输过程中的湿度，湿度以大眼幼体不抱团为宜。

②时间。运输时间应控制在8小时以内，建议在夜间运输，清晨蟹苗下塘。

③管理。运苗过程中，注意防止风吹、日晒、雨淋、温度过高或干燥缺水，也要防止洒水过多，造成局部缺氧。

2. 蟹苗投放流程（图3-23）

（1）附着物　可选棕片、密网布、水花生、轮叶黑藻、柳树根丝等作为蟹苗遮蔽攀缘之物。

（2）试水　放苗前先在水体放养鱼种或少量蟹苗以检查消毒后药性消失程度，以免对蟹苗造成损伤。

3. 放养方法

（1）放养密度　通常按蟹苗重量计算，一般放养量0.5～0.8

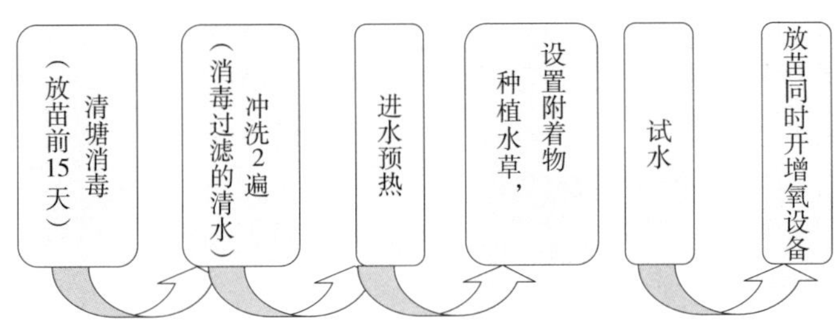

图 3-23　蟹苗投放流程

千克/亩，如养殖水平较高，也可适当多放一些，最多可放 1～1.5 千克/亩。

（2）投放方法　通常在池水达到 20℃后放苗。放苗前 2 小时，打开微孔增氧设施（或泼洒固态水体增氧剂）进行全池增氧。放养时，先剔除死苗，再将蟹苗箱浸入水中 1 分钟后提起，如此反复 3～5 次，使蟹苗逐渐适应池塘水温，后将蟹苗箱放置在邻水岸边，让蟹苗自行活动爬入池中，便于提高成活率（图 3-24）。

图 3-24　蟹苗投放前“醒水”

4. 注意事项

（1）天气 选择晴好天气放苗，应尽量避免冷空气侵袭或是长期阴雨天。

（2）水质 pH 稳定在 7.5～8.5。

（3）温差 温室水温与蟹苗出池的水温差幅在 3℃以内，水温稳定在 18℃左右较适宜。

（三）饵料投喂（表 3-3）

1. 投喂时间

最佳适口饵料的选择是取得较高大眼幼体回捕率的关键因素之一。大眼幼体的开口饵料以轮虫为主，轮虫丰富的塘口，可延迟到仔蟹Ⅱ期后开始投喂；轮虫较少的塘口，在蟹苗下塘 3 小时内即应投饵。

2. 饵料选择

（1）仔蟹阶段 仔蟹指当年放养的蟹苗，该阶段饵料以颗粒饲料为主，以豆浆、熟蛋黄和鱼糜为辅。蟹苗下塘 10 天内，用粗蛋白质含量为 42％的颗粒饲料投喂，2 周后可调整为用粗蛋白质含量 38％以上的颗粒饲料投喂。

（2）1 龄蟹种阶段 1 龄蟹种培育阶段，饵料以粗蛋白质含量 34％以上的颗粒饲料为主。

（3）饵料种类 大眼幼体至 1 龄幼蟹培育过程中的饲料有天然饵料与人工饲料两大类。天然饵料有浮游动物、水蚯蚓、蠕虫、底栖生物、浮萍和水草等，人工饲料主要有煮熟的鱼糜、蛋黄、豆浆、豆饼、豆粕、麦麸、小杂鱼、颗粒饲料、南瓜等。

3. 投喂方法

（1）仔蟹阶段 日饵料投喂量为蟹体重的 100％～300％，每天投喂 6 次。随着蟹苗逐渐长大，根据饵料生物数量和幼蟹变态情况逐步调整投饵量和投饵次数，直至日饵料投喂量减少到蟹体重的 5％左右，投喂次数逐渐减少到 2 次。

（2）1 龄阶段 日投饵量在蟹种体重的 5％左右，每天投喂 2 次。

表 3-3 蟹种各阶段的投饵数量及种类

阶段	时间	蜕壳	生长规格	饵料
第 1 阶段（控制阶段）	6—8 月	3～4 次	2 万只/千克培育至 3 000 只/千克左右	以植物性粗饵料为主，饲料粗蛋白质含量为 25%～28%，让其吃饱不吃好。日投水草量为蟹体总重量的 50%
第 2 阶段（促长阶段）	9—12 月	2～3 次	3 000 只/千克培育至 50～200 只/千克	增加好的饲料比例，粗蛋白质含量 38%～40%，日投饵量为蟹体总重量的 3%～5%。日投水草量为蟹体总重量的 20%～40%

（3）投喂地点　投喂时应全池均匀撒投，在水草密集处须重点投喂。

（4）投喂量　根据天气、水质和前 1 天的摄食情况勤观察、灵活掌握投喂量，做到既要让蟹苗吃饱吃好，又不至于因过多投饵造成浪费和败坏池塘底质，以投喂 2 小时内吃完为宜。

（四）日常管理

1. 水质管理

（1）总体要求　良好的水环境不仅适宜河蟹生存，而且有利于河蟹快速生长。为此，要加强水质管理，确保池水溶解氧充足、pH 适宜和水质清新，即达到“肥、活、嫩、爽”。

（2）水位调节　总体保持“前浅后深”的原则，具体见图 3-25。

（3）水质调节　采取“早期勤换水、中期少换水，后期不换水”的方法，使水体透明度保持在 30 厘米左右。7—9 月，每 7～10 天用生物制剂和底质改良剂调水 1 次、改底 1 次；4—9 月，每月定期使用 3 千克/亩生石灰泼洒全池，调节水体酸碱度，抑制病菌繁殖。

（4）生物调控　可适量套养鲢、鳙等滤食性鱼种，降低池水肥

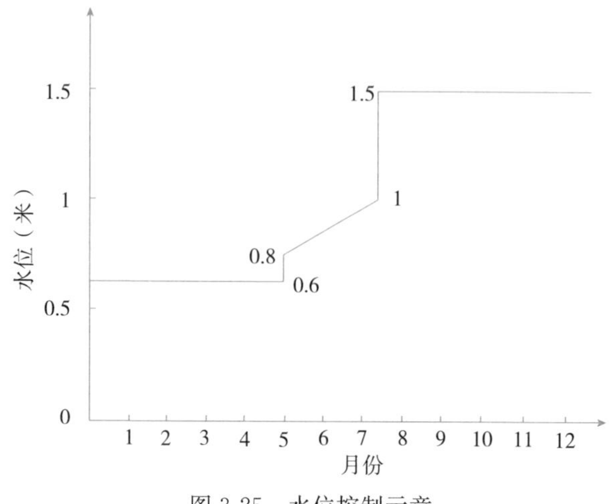

图 3-25　水位控制示意

度，便于蟹种生长。鲢夏花 40 尾/亩，鳙夏花 10 尾/亩，鲢、鳙比例在（4～5）：1。

（5）适时增氧　溶解氧是制约蟹苗蜕壳生长的关键因子，及时开启微孔增氧设施，可促进蟹苗长大、长快、长好。在幼蟹快速生长的 5—10 月，一般增氧即可：正常天气，22：00 开机至翌日黎明；闷热天气傍晚开机至翌日黎明，阴雨天全天开机。进入 11 月以后，幼蟹密度高，每亩都在 100 千克以上，雾、霾等天气尤其需要增氧。

2. 水草管理

水草不仅为蟹苗提供栖息、避敌蜕壳、防暑降温的场所，而且能通过光合作用净化水质、增加水体溶解氧，还是蟹苗喜食的植物性饵料。因此，在调好水位水质的基础上，重点应加强水草管理，具体要注意以下 3 点：

（1）前期做好培水育草工作，中期做好管水长草工作，后期做好加水保草工作。

（2）夏秋季节加水要适量，以能看见水下的水草为度，防止水草因缺少光照而腐烂。

（3）要定期翻动池塘中的水花生，把生长茂盛的水花生翻到水下，供蟹苗摄食生长，把水下的水花生翻到水上，增加光照促进生长，同时达到控制水花生“疯长”的目的（图 3-26）。

图 3-26　水花生“翻身”

3. 病害防治

（1）疾病预防　坚持以防为主、防重于治的方针，生态防病为主，药物预防为辅（表 3-4）。

表 3-4　病害预防措施

月份	药物预防方法
6—9 月	每半月 1 次生石灰全池泼洒，亩用量 3 千克
4—5 月	硫酸锌和碘制剂进行水体杀虫消毒
7—9 月	7～10 天用生物制剂调水、改底 1 次
10 月以后	适当拌喂维生素 C 等免疫增强剂

（2）敌害防治　蟹苗的主要敌害是老鼠、水蛇、青蛙、黄鳝、

水鸟等，可用较密的筛绢扎好池塘进出水口，加固压实池埂，堵塞鼠洞，勤巡塘，发现青蛙、黄鳝、水蛇等敌害生物及时捕捉，遇到蛙卵立即捞除。

4. 巡塘观察

坚持早、中、晚巡塘，检查池塘设施、蟹种活动、水质变化等情况，并做好记录，发现问题及时采取应对措施，并注意观察、记录采取措施后的效果（图 3-27）。

图 3-27　日常巡塘

（五）幼蟹早熟的防控

早熟蟹性凶猛，摄食量大，常以幼蟹为食且争夺饵料，极易影响蟹种的产量，自身养殖价值低，应及时捕捉，以避其害。积温过高、营养过剩、水质过肥等因素均会导致蟹性早熟，因此应采取相应对策防控性早熟。

1. 防止积温过高

（1）推迟放苗　适宜的放苗时间为 5 月中下旬，既不影响蟹苗生长，又能减少温度积累，从而有效控制幼蟹性早熟。

（2）加深水位　高温季节保持池水深为1.2～1.5米，有利于降低水温、减少积温。

（3）增设水生植物　保证水草特别是“水花生带”的维护（方法同前述）能有效降低水温。

2. 防止营养过剩

（1）加大密度　适当加大大眼幼体放养密度，一般亩放养0.5～0.75千克。

（2）投喂控制　采取“前促、中控、后补”的饲料投喂方法，即幼蟹早期阶段，投喂粗蛋白质含量为38%～40%的高营养饲料。中期投喂粗蛋白质含量为25%～28%的植物性饲料，适当搭配青萍、伊乐藻等水生植物。后期（霜降以后）补投粗蛋白质含量为38%左右的颗粒饲料，以积累营养越冬。

（3）足量投喂　整个培育阶段饲料投喂应做到投足投匀，防止饵料不足导致幼蟹相互残杀，方可提高蟹种成活率，降低性早熟比例。

3. 防止水质过浓

（1）主要方法　换注新水、泼洒生石灰、施用光合细菌等微生态制剂，方法同前所述。

（2）控制加水次数　因注水会促进幼蟹蜕壳，除前期需勤加水，促进生长外，中后期要减少加水频率，可采取先排水、一次加足的方法。

（3）盐度控制　蟹种培育宜用淡水，尽量选择在盐度低的地区进行培育，忌带进盐度高的河水。

（六）蟹种起捕

1. 捕捞时间选择

蟹种捕捞时间根据养殖成蟹放苗时间和捕捞难度综合考虑，一般成蟹池塘放苗在成蟹清塘消毒后的春节前或开春后。同时，也应考虑到寒冷天气以及结冰会增加蟹种捕捞难度。

2. 起捕方式

（1）堆草捕捞　利用蟹种喜欢钻草堆的习性，将池塘中漂浮的水花生在近岸处打堆，然后可直接用抄网进行捕捞。采用这种方法捕出的蟹种可占总回捕量的70%（图3-28、图3-29）。

图3-28　冬季集中趟捕蟹种

图3-29　一种蟹种捕捞方法

（2）放水捕捞　利用蟹种顺水爬行的习性，在出水口安装捕蟹网进行捕捞，反复几次，即可将大部分蟹种捕捞上来。

（3）冲水捕捞　在采取以上两种捕捞方法后，对剩余的蟹种可通过向池塘中冲水的方法，利用水流刺激蟹种活动，使其钻进事先放置的地笼中。

（4）干塘捕捞　利用河蟹夜间出来觅食活动的习性，徒手捕捉或用铁锹挖出潜伏在洞穴中的蟹种，这样就能基本捕净。

（5）清洁暂养　蟹种起捕后，分规格置于网箱中暂养，以清除扣蟹排泄物、附着物及淤泥等，达到清洁蟹体的目的，剔除活力差、残次蟹种，以进一步提高蟹种成活率。

三、“稻田-蟹种”综合种养技术

夏季蟹种巡塘

经过近 30 多年的发展，辽宁省盘锦市已成为我国北方地区最大的河蟹养殖基地，其苗种供给主要依靠稻田解决，其稻田培育蟹种技术在全国独树一帜。科技人员根据蟹苗及仔蟹的生态要求，建立了稻田-蟹种生态培育新工艺，实现了养蟹稻田水稻不减产，每公顷产蟹种 15 万只，每公顷新增效益翻一番的目标；形成了以优质蟹种培育技术、优质饲料配制及科学投喂技术等生态健康养殖技术为主的蟹种培育模式——“盘锦模式”。

（一）稻田的选择和要求

1. 稻田的选择

养蟹稻田以水源充足、水质清新、排灌方便、保水力强、无污染、较规则的田块为好，土质以黏土或壤土为好。

2. 田间改造

养蟹稻田的田埂要加高加固夯实（土方来自环沟开挖），宽不低于 0.6 米、高 0.5～0.6 米。为了给蟹种创造舒适的生存和生长环境，稻田四周在离田埂 1.5～2.0 米，开挖上宽 3.0 米、下宽 1.0 米、深 0.8 米的环形蟹沟（图 3-30）。

图 3-30 稻田环形蟹沟及坡面开挖

3. 防逃设施

材料选择。总体与成蟹养殖防逃设施一致，外侧防敌害，内侧防逃。用塑料薄膜、铁丝和可做固定支撑的木桩、水泥桩或铁管均可。

4. 水系配套

（1）水系　培育蟹种的稻田用水应与其他农田分开，有单独的进水渠道，排水则可利用原稻田的排水渠道。

（2）进排水设施　稻田的进排水口应设在稻田相对两角处，采用陶管或胶管为好。仔蟹具有强烈的趋流性及趋光性，因此进排水口应用密网封好扎牢，防止仔蟹逃逸和敌害随水进入。

（二）蟹种放养前的准备

1. 清田施肥

在稻田移栽秧苗前 10～15 天，进水泡田，进水前每公顷施 1.95～2.25 吨腐熟的农家肥和 150 千克过磷酸钙作基肥。进水后整田耙地，将基肥翻压在田泥中，最好分布在离地表 5～8 厘米。

耙地 2 天后每公顷用 450～600 千克的生石灰消毒，以达到清野除害的目的。进水 10 天后开始插秧，然后培育水体的底栖藻类和浮游动物，作为蟹苗入池后的饵料。

2. 水草栽培

养蟹稻田在插秧之后，在环形蟹沟中需种植适量的水草，以利于河蟹栖息、隐蔽和蜕壳。常用的水草有伊乐藻、金鱼藻、轮叶黑藻和苦草等。水草多的地方，由于水质清新、溶解氧充足、饵料丰富，蟹苗一般很少逃逸，因此环形蟹沟内种植水草也是防止河蟹逃逸的有效方法。

（三）水稻栽培

1. 选择优良水稻品种

养蟹稻田移栽的水稻，应选择耐肥力强、秸秆坚硬、不易倒伏和抗病力强的高产水稻品种。目前，盘锦广泛推广使用的蛟龙系列、龙盘系列、盐丰、“294”和“辽星”等，长江中下游地区的高秆稻、南粳系列等均适合与河蟹套植。

2. 培育壮秧

在播种前，选晴天把种子晾晒 2～3 天，在晾晒过程中，种子摊铺要薄，定时翻动。晒种具有消毒杀菌、增强种子活力、提高种子发芽率的作用。浸种 5～7 天，捞出来放于热炕或温室催芽，温度不超过 30℃。标准：露白即芽长在 0.1～0.2 厘米时摊开晾芽，即可播种。

3. 选地做苗床

具体与常规水稻育秧方式一致。苗床浇足底水后，铺上隔离层（打孔地膜或编织袋），用黑土、农肥、壮苗剂配置好营养土，平铺在床面上，厚约 2 厘米，刮平后浇透水即可播种。

4. 提高整地质量，增施有机肥

坚持三旱整地，翻旋结合，进行合理的土壤耕作，提高整地质量。增施有机肥，每公顷施 30 吨腐熟有机肥或还田稻草 3.0～4.5 吨，以改善土壤结构，降低土壤容重，同时可提高水稻抗干旱和耐碱能力，保持土壤养分平衡。

5. 适时移栽，合理稀植

(1) 移栽时间　北方地区一般插秧安排在5月20日至5月底，长江中下游地区可推迟至6月中下旬。

(2) 栽种密度　采用“大垄双行、边行加密”技术。大垄双行两垄分别间隔0.2米和0.4米，为弥补环形蟹沟占地减少的垄数和穴数，在距环形蟹沟1.2米内，每0.4米中间加一行，0.2米垄边行插双穴。

(3) 插秧苗数　一般每公顷约插20.25万穴，常规品种每穴3～5株。适当增加埂内侧和环形蟹沟旁的栽插密度，发挥边际优势，以提高水稻产量。

6. 适量追肥

待水稻返青分蘖时，可追施分蘖肥。投放蟹苗后原则上不再施肥，如发现有脱肥现象，可追施少量尿素，但每次每公顷施肥不得超过75千克。

(四) 管理技术

1. 仔蟹放养

(1) 放养时间　经仔蟹培育池培育成的仔蟹，需待水稻发棵分蘖后才宜投放稻田，如插秧需经20天后才能放养仔蟹，以防损伤秧苗。

(2) 放养密度　选择体质健壮、爬行迅速、大小整齐、规格为4 000～8 000只/千克的仔蟹为最佳。投放到养殖稻田的蟹苗密度一般以22.5万～45.0万只/公顷、放养重量为52.5～60.0千克/公顷较合适。

2. 水质管理

(1) 总体原则　养蟹稻田在尽量不晒田的同时，应采取“春季浅、夏季满、定期换水”的水质管理方法。

(2) 春季提水　春季浅是指在秧苗移栽大田时，水位控制在0.15～0.20米；以后随着水温的升高和秧苗的生长，应逐步提高水位。

（3）夏季换水　夏季Ⅲ期仔蟹或Ⅱ期幼蟹进入大田后，正值水温高的夏季，为降低水温、防止昼夜温差过大，应将水位加至最高水位。定期换水，一般每3～5天换水1次。夏季高温季节要增加换水次数。

（4）换水方法　一般夜间排水、上午进注新水较好，换水温差不能大于3℃，以不影响河蟹傍晚摄食。不任意改变水位或脱水烤田，以利于河蟹正常蜕壳生长。

3. 投饵管理

饵料管理整体与常规池塘蟹种培育一致，分前、中、后3个阶段：

（1）前期阶段　仔蟹下田后1个月为促长阶段，日投喂配合饲料按河蟹体重的15%～18%计，8：00投1/3，18：00投2/3。

（2）中期阶段　从8月初至9月中旬为蟹种生长控制阶段，一般每天18：00投饵1次。前20天日投配合饲料约占蟹种总重量的7%，鲜杂鱼虾等也可以代替部分配合饲料，植物性青饲料占蟹种总重量的50%。以后改为日投配合饲料约占蟹种总重量的3%，青饲料占蟹种总重量的30%。

（3）后期阶段　9月中旬以后为蟹种生长的维持阶段，可加大植物性饲料的投喂量，每隔15天要持续投喂配合饲料7天左右，以促进蜕壳，日投饵量约占蟹种总重量的10%。此阶段应增加动物性饵料、幼蟹高蛋白配合饲料的投喂量，以便蟹种储存营养安全越冬。水温降至7℃以下，停止投喂。

4. 水稻用药注意事项

培育蟹种的稻田尽量不施农药，河蟹的摄食对稻田中害虫的幼体有一定的控制作用，因此养蟹稻田的水稻病害相对较少。如果必须使用农药，则应选用高效低毒的生态农药，并在严格控制用药量的同时，先将田水灌满，只能用喷雾器而不能手工泼洒药物，同时应将药物喷在稻禾叶片的上面，尽量减少药物淋落在田水中。用药后，若发现河蟹有不良反应，应立即换水。夏天，随着水温上升，农药的挥发性增大，其毒性也大。因此，高温天气时应慎重用药。

5. 蜕壳前后的管理

(1) 蜕壳前期管理　幼蟹生长须经过多次蜕壳，蜕壳期是河蟹生长的敏感期，须加强管理以提高成活率。一般幼蟹在蜕壳前摄食量减少，体色加深。此时可少量施入生石灰（150 千克/公顷左右），以促进河蟹集中蜕壳。同时，动物性饵料和新鲜水的刺激对蜕壳也有促进作用，要设法满足这些条件。

(2) 蜕壳时管理　河蟹蜕壳后蟹壳较软，需要稳定的环境，其一般栖息在水稻根须附近的泥中，有时甚至几天都不出来活动，此时不能施肥、换水，饵料的投喂量也要减少。

(3) 蜕壳后管理　以观察为准，待蟹壳变硬，体能恢复后出来大量活动，沿田边寻食，此时需要适当增加投饵量，强化营养，促进其生长。

6. 日常管理

日常管理以每天巡塘、及时发现问题及时解决问题为主。巡田检查，每天早、晚各 1 次。

(1) 查看设施　检测防逃墙、田埂和进出水口处有无损坏等，如果发现破损，应立即修补。

(2) 查看生长活动　观察河蟹的活动、觅食、蜕壳和变态等情况，若发现异常，应及时采取措施。

(3) 清除敌害　注意稻田内是否有河蟹的敌害生物出现，如老鼠、青蛙、螯虾和蛇类等，如发现应及时清除。

(4) 检查水质　早晨发现的存留残饵应及时清除，以防腐烂变质影响水质。如遇极端天气，要特别注意及时排水，以防雨水漫埂跑蟹。

(5) 调节水质　蟹种生长期内，每半个月施 1 次生石灰，一般每公顷生石灰用量为 75 千克，可起到调节水质、增加钙质及消毒作用。施用生石灰后 3～5 天可以施用 EM 菌，以增加水中有益菌群数量、改善水质、预防疾病。

（五）蟹种的起捕

1. 稻田蟹种捕捞方法

稻田培育的蟹种，一般在10月收割稻前进行捕捞。具体捕捞的方法有以下几种：

（1）利用河蟹晚上上岸的习性，人工田边捕捉。

（2）利用河蟹逆水的习性，采用流水法捕捞。通过向稻田中灌水，边灌边排，在进水口倒装蟹笼，在出水口设置袖网捕捞，并在蟹田内的进出水口附近下埋大盆或陶缸，边沿在水底与田地面相平，这样的效果较好。

（3）放水捕蟹，即将田水放干，使蟹种集聚到蟹沟中，然后用抄网捕捞，再灌水，再放水，如此反复2～3次即可将绝大多数蟹种捕捞出来。

（4）在田边利用灯光诱捕。

（5）在收割稻田，水全部排干后，翻开稻草或隐蔽物抓捕，也可在防逃墙边下埋陷阱。

采用多种捕捞方法相结合，蟹种的起捕率可达到95%以上。

2. 越冬暂养

（1）越冬　蟹种起捕后，按规格大小分开，进行越冬管理，方法是选择条件较好的河道或池塘，将幼蟹放入蟹笼或网箱，沉入水中，定期投喂饲料，加强饲养管理，严防水面结冰，至翌年3—4月再放入稻田、池塘或大水面进行成蟹养殖。也可选择条件较好的蟹池，将蟹种直接进行冬放，强化冬季管理，使其安全越冬，争取翌年提早开食和生长。

（2）暂养　蟹种起捕以后，如准备出售，需提前按照市场收购规格进行分选，用网箱暂养，等待好的销售时机出售。注意蟹种干露的时间不能超过5天，而且要在湿润状态下放在阴凉处。放在网箱中暂养的蟹种密度不可过大，保证网箱放在水深超过1.5米的活水处，而且每天至少检查2次，定期投喂植物性饵料（图3-31）。

图 3-31　蟹种暂养

第四节　成蟹绿色高效养殖技术

一、蟹种投放前准备

1. 池塘基本条件

适宜的池塘形状可保证有充足的光照和溶解氧。一般池塘形状为长方形，东西走向，适宜面积 20～30 亩/个；池底平坦，坡比 1：（2.5～3.0），有利于水位调节和控制水草；水源充足、水质良好，有利于环境营造；排灌方便，防逃设施齐全有利于河蟹养殖中水位的调控。标准化成蟹养殖塘口见图 3-32。

2. 清塘消毒

养殖池塘应认真做好清塘消毒工作。上年养殖的河蟹捕捞完毕后，泼洒清塘药物，然后在秋冬季排干蟹池池水，铲除池底表层

图 3-32　标准化成蟹养殖塘口

10 厘米以上的淤泥（可就近加堆护埂），晒塘冻土（图 3-33，表 3-5）。

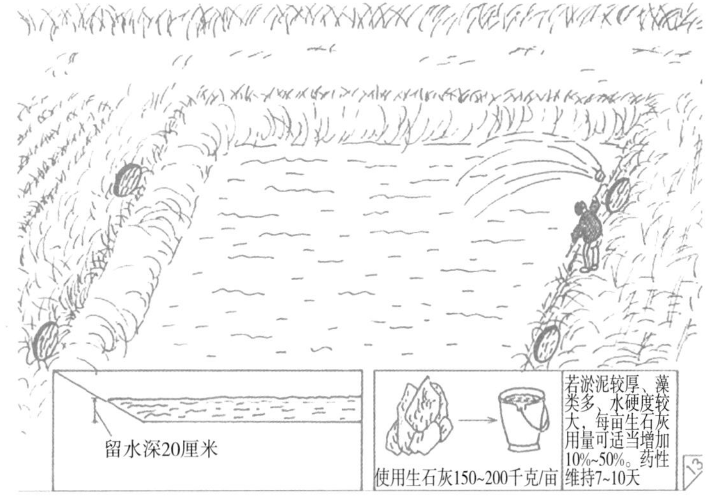

图 3-33　生石灰清塘消毒

表 3-5 常规清塘消毒方法

药物名称	用法与用量	注意事项
氧化钙（生石灰）	干法每亩 75～150 千克	不能与漂白粉、有机氯、重金属盐、有机络合物混用
漂白粉（有效氯≥28%）	水深 0.5 米，15～20 毫克/升	勿与酸、铵盐、生石灰混用
茶籽饼	水深 1.0 米，30～60 毫克/升	粉碎后用水浸泡 24 小时，稀释后连渣全池泼洒

注：清塘用药后排放废水时应注意对周围环境的影响。

3. 安装微孔增氧设施

（1）配备要求　大幅度增加底层溶解氧是河蟹高产高效养殖的首要前提。因此，该模式的要点是提高单位面积水体的功率配备。每亩配套 0.2～0.5 千瓦的罗茨鼓风机。

（2）供气管布局　总供气管道采用孔径为 60 毫米以上交替使用的 PVC 管，既能保证安全又能降低成本；支供气管为 12 毫米直径的微孔橡胶软管，微孔曝气管采用孔径为 16 毫米的微孔管。

（3）安装方法　将毛竹或镀锌管作为支架，把总供气管架设在池塘中间，高于池水最高水位 30～50 厘米，南北向贯穿于整个池塘。在供气管两侧间隔 4～8 米水平设置一条微孔橡胶软管，微孔橡胶软管一端接在总供气管上，另一端接上微孔增氧盘，并延伸到离池埂 1 米远处，并用竹桩将其固定在高于池底 10～15 厘米处。

4. 种植水草

清塘消毒 1 周，待清塘药物药性消失后开始栽种水草，主要种植伊乐藻、黄丝草、苦草、轮叶黑藻等复合型水草（图 3-34、图 3-35），东西为行，南北为间，行间距 5 米×4 米，环形蟹沟处种植伊乐藻，在池塘中心田坂处围网种植轮叶黑藻、苦草，待水草覆盖率达 40%～50%时把网围拆掉。

5. 施肥培水

水草栽种结束后，每亩施经发酵处理的猪粪等有机肥 200～250 千克，半个月后每亩施钙镁磷肥加复合肥 15～20 千克（视水质情况而定），将池水培成淡红色，培育丰富的浮游生物（图 3-36），

轮叶黑藻	苦草	伊乐藻	菹草
每年4月水温上升至10℃以上时栽种	水温10℃以上时开始种植	无冰冻即可栽种，水温5℃以上即可生长	秋季水温不低于18℃时播种

图 3-34　蟹池 4 种常见水草

图 3-35　栽种伊乐藻

为河蟹提供优质天然饵料，并促进水草生长，抑制青苔的发生。

6. 螺蛳移殖

养殖实践证明，螺蛳在河蟹生产中起着重要作用，其既可作为河蟹的活饲料，又有净化养殖水质的作用。生产中螺蛳投放分为两种模式：

（1）一次性投入　每年清明前，成蟹养殖池塘应投放一定量的活螺蛳，每亩池塘投放量为300～400千克，投放量可根据各地实际情况酌量增减。

图3-36　培育饵料生物

（2）分次投入　清明前每亩成蟹养殖池塘先投放100～200千克，然后5—8月每月亩投放活螺蛳50千克。

因螺蛳活动缓慢，活动半径较小，投放螺蛳时应全池均匀投放，以提高螺蛳成活率，最大化实现净化水质和提供鲜活饵料的功能（图3-37）。

图3-37　冬季足量投放螺蛳

二、池塘主养技术

根据河蟹的生物学特性和食物链原则，采取肥料科学运筹、复合型水草布局与立体形态营造、苗种选优合理搭配放养、微孔增氧标准化配置、营养需求性饲料选择投喂、微生态制剂调水和生态防病等措施，构建稳定的池塘生态系统，实现养殖产量、产品质量、经济效益、生态环境的有机统一，达到亩产河蟹 125 千克、亩效益 5 000 元以上的生态高效养殖模式。该模式养殖规格大、产量高，同时需要的养殖技术水平高、投入成本高、风险大。该模式主要技术要点如下：

（一）蟹种挑选

1. 挑选方法

蟹种是河蟹养殖的基础，直接关系养蟹成败和经济效益（表 3-6）。

表 3-6　选种要素

项目	选择标准
看水系	首选长江水系蟹种
看亲本	亲本规格大、体质好，雄蟹 175 克/只，雌蟹 150 克/只以上
看发育	是否性早熟
看水域	蟹种培育宜用淡水，最好在当地水域培育，盐度高的水培育的蟹种有性早熟趋势
看体质	规格整齐、体质健壮、爬行敏捷、附肢齐全、指节无损伤
看外观	甲壳光滑，无附着物
可数性状	规格为 100～300 只/千克，伤残率在 5%以下，性早熟个体在 5%以下

2. 识别和剔除性早熟蟹种

性早熟蟹种是蟹苗在培育过程中，因积温、营养等原因，虽个体不大，但性腺却已发育成熟。性早熟可通过“蟹脐”“绒毛”“头胸甲”“性腺”四处感官体征判断（表3-7、表3-8）。

表3-7 雌性正常蟹种与性早熟蟹种的主要形态区别

形态特征	正常蟹种	性早熟蟹种
体表颜色	淡土黄色	墨绿色
腹脐形状	三角形或近似三角形	椭圆形
腹脐周缘绒毛	无或有稀疏浅黄色毛	着生密而黑的绒毛
第1～4节腹甲	无或有稀疏浅黄色毛	绒毛密
卵巢颜色	无明显的紫褐色卵巢	紫褐色卵粒

表3-8 雄性正常蟹种与性早熟蟹种的主要形态区别

形态特征		正常蟹种	性早熟蟹种
螯足绒毛	密度	短而稀疏	长而密
	颜色	浅黄色	黑色
	分布	倒C形	O形
步足绒毛	密度	短而细	粗而长且坚挺
	颜色	浅黄色	深黄色或近似黑色
	斑点	有	无
体表颜色		淡土黄色	墨绿色
交接器	颜色	暗白色	瓷白色
	硬度	易弯不易断	易断不易弯

3. 其他注意事项

（1）满足以上条件下，尽量就近选择本地蟹种，避免长途运输，减少中间环节损耗。

（2）宜选择灯光诱捕、流水诱捕的蟹种，防止误购药物诱捕的苗种。药物诱捕的蟹种后期成活率低。

（二）科学放养

1. 放养时间

适宜在2月底至3月初、水温8～12℃时进行。

2. 放养规格

蟹种的规格为100～200只/千克，这样才能确保成蟹上市规格。如计划养殖特大规格成蟹，则应相应提高放养蟹种规格至50～100只/千克（图3-38）。

图3-38 蟹种放养前严选

3. 放养密度

一般根据目标产量和规格相应调整放养密度，如目标为高产量可适当调整放养密度为1 000～1 500只/亩；如目标为大规格，可调整密度为600～800只/亩。

4. 注意事项

有条件的可在放养前先进行过渡性的小面积围网暂养，以提高蟹种下塘成活率，暂养时间可视水温和池水中水草生长情况而定。

（三）科学投喂

1. 可选种类

河蟹为以动物性饵料为主的杂食性动物。一般说来，河蟹的饲料可分为两大类，即天然饵料和人工饲料。目前生产上精养河蟹以人工饲料为主，天然饵料为辅；大面积围栏养殖仍以天然饵料为主，人工饲料为辅。

2. 饵料搭配

饵料一般以动植物性饵料搭配为主，搭配比例见图3-39。养殖全程可搭配少量玉米、黄豆、小杂鱼等，颗粒饲料须符合GB 13078和SC 1052的规定要求。

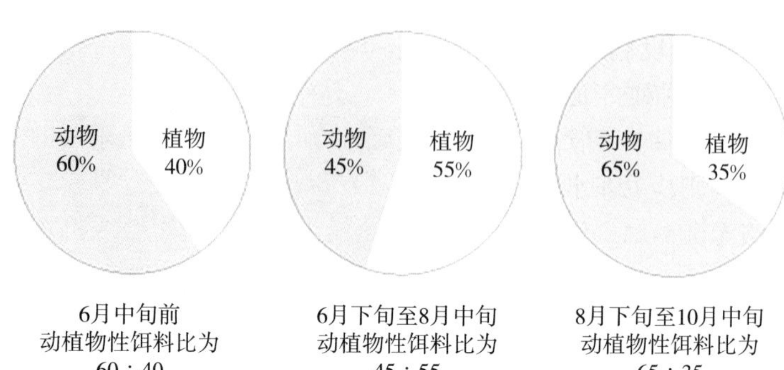

图 3-39　动植物性饵料搭配比例

3. 投喂方法

（1）投喂时间　河蟹喜昼伏夜出，故一般选在 16：00—18：00投喂饲料，养成定时投喂，以驯化河蟹摄食习惯，全池泼洒。

（2）投喂方法　坚持“定位、定质”的原则，注意保持驯化河蟹的摄食习惯。投喂小杂鱼等动物性饲料前应切碎，配合颗粒饲料以及煮熟的玉米、黄豆应全池均匀泼洒。

（3）注意事项　夏季饲料及易受潮霉变，禁止投喂霉变的饵料，以免引起河蟹发病、水质腐败。如有条件，可定期添加复方多糖、维生素 C、EM 菌等，以提高河蟹免疫力，用水溶解后喷洒饲料，待其阴干后投喂。

（四）日常管理技术

1. 水草管护

“蟹大小，看水草”，水草的生长情况决定水质的好坏，是决定养殖产量的关键因素。因此，养殖过程中应把水草管护作为重中之重。

（1）前期管理　主要以水位高低来控制水草长势，水草长势如“冒头”（露出水面），应采取割茬措施。苦草容易遭到河蟹夹食，可采取适当增加饵料投喂量的方法予以保护，并及时将漂浮的苦草捞出，防止其腐烂败坏水质；伊乐藻容易出现生长过密、封塘的问题，应定期清理、适当拉通风沟。

（2）高温季节管理　高温季节来临前，用拖刀将伊乐藻的上半段割除，使其沉在水下20厘米左右，以增加水体的光照量，促进水草的光合作用。伊乐藻属冷水性植物，高温季节生长受抑制，应尽量减少人为干扰，以免影响整体水质（图3-40）。

图3-40　夏季定期清理水草

2. 水体环境管理

（1）主要原则　水质好坏关系到水生动物的成活率、生长速度和养成品质。夏季水温较高，是水生动物的快速生长季节，同时也是水质最难控制的时间段。主要原则是维护好池塘水草、螺蛳正常生长，它们是蟹塘系统净化的保证。

（2）水位控制　蟹池水位应做到“前浅、中深、后勤”，即前期保持浅水位，以提高水温，促进蜕壳；中期特别是炎热的夏季要保持深水位，以降低底层温度。春季水位控制在30～40厘米，并随着水温升高逐渐增加水位，高温季节水深控制在1.2米左右，高温期过后，水位保持在 0.8 米左右。

（3）换注新水　换注新水对保持良好的水质、增加溶解氧具有较大作用。在河蟹生长旺季 6—9 月，每隔 5～10 天换水 1 次，其余季节每 2 周换水 1 次，每次换水 20～30 厘米；换水原则是先排后灌。当池水透明度小于 30 厘米时，需勤换水；河蟹摄食量明显减少，白天乱爬，表明水质恶化，应立即注入新水；在连续阴天、闷热、有机物大量分解和久旱不下雨、水质老化时，应勤换水。

（4）水质调节　酸性地区采用生石灰调节，生长季节每隔 15 天施用 1 次，每亩用 10 千克；碱性地区采用 EM 菌调节，每隔 15～20 天 1 次，每亩用量 1 升。并根据养蟹池水质的变化情况，定期（10～15 天）使用光合细菌、芽孢杆菌等有益微生态制剂改善水质，用法及用量参照产品使用说明。泼浇时及时开启微孔增氧机。

（5）底质改良　河蟹养殖期间应尽量减少剩余残饵沉底，保持池塘底质干净清洁，如有条件可定期使用底质改良剂（如投放过氧化钙、光合细菌、活菌制剂等），具体使用参照使用说明书。底质不好，影响水草及河蟹正常生长，也容易导致商品蟹颜色发黑、品质不高、卖相不好。

（6）适时增氧　根据天气变化情况，适时开启增氧设施，遇到闷热天气，应傍晚开启微孔增氧机至翌日早晨；高温季节，半夜开启增氧机至翌日天亮；连续阴雨天气，应全天开机，使溶解氧保持在 5 毫克/升以上；使用药物杀虫消毒、调节水质及投喂饵料时，也应及时开启增氧机，以保证池水溶解氧充足。

3. 病害防治

遵循“预防为主、防治结合”的原则，坚持生态防病和生物防病，坚持生态调节与科学用药相结合，积极采取清塘消毒、种植水草、自育蟹种、科学投饵、调节水质等综合技术措施，预防和控制疾病的发生。病害防治以河蟹为主，全年采取“防、控、保”措施。

（1）“防” 用纤虫净200克/亩泼洒消毒1次，同时内服2%的中草药和1%的乙酰甲喹（痢菌净）制成的药饵，以预防病害发生。

（2）“控” 梅雨期结束后，每亩用1%的碘药剂200毫升，兑水泼洒全池，并内服2%的中草药等药饵，预防病害“抬头”。

（3）“保” 9月中旬以后，容易出现纤毛虫类病害，应结合水体消毒和定期检查，如发现则应及时杀虫。同时，加强投喂，增强河蟹体质和抗病能力，确保河蟹顺利渡过最后增重的育肥期。水体消毒用药按药物的休药期规定执行，保证河蟹健康上市。

4. 蜕壳期管理

河蟹只有蜕壳才能长大，每一次蜕壳过程，对河蟹来说都是一次生存难关。特别是蜕壳后的1小时内，是其生命过程中最脆弱的1小时，河蟹完全丧失抵御和回避不良环境的能力。池塘养殖时促进河蟹同步蜕壳和保护软壳蟹是提高河蟹成活率的关键技术之一。河蟹蜕壳期的管理应注意以下几点。

（1）投喂高质量的饵料 蜕壳前适当增加动物性饵料的数量，使动物性饵料比例占投饵总量的1/2以上，保证喜食饵料的量充足，以避免软壳蟹被残食。

（2）增加水中钙离子含量 若发现个别河蟹已蜕壳，可泼洒生石灰水，每亩生石灰用量7.5～12.5千克，加水化浆后全池泼洒。

（3）保持水位稳定 蜕壳期间，需保持水位稳定，一般不需换水。

（4）投饵区和蜕壳区必须严格分开 河蟹一般喜欢隐蔽在水草处蜕壳，注意避免在蜕壳区投放饵料，蜕壳区如水生植物少，应增投水生植物，并保持安静。

（5）注意事项 池塘养蟹一般密度较高，应做好水质管理、疾病预防工作，避免发生疾病而影响顺利蜕壳。

5. 加强巡塘

（1）早巡塘 检查池中有无残饵，以便确定当天的投饵量，并捞出残饵，创造一个清洁的摄食环境，同时观察、检测池水水质，决定是否需要换水或调水。

（2）晚巡塘　主要是观察河蟹的活动、吃食及生长情况，发现问题及时调整饲养管理措施。巡查过程中一定要保持蟹池环境安静，不要过多地干扰河蟹的吃食、蜕壳过程。

（3）值班看守　秋天晚上要安排专人通宵值班，以免造成损失。

（4）勤检查　定期检查、加固防逃设施及进排水口（特别是多雨季节和刮风下雨时），及时捕捉养蟹池中的青蛙、水老鼠、水蛇等敌害生物（图 3-41）。

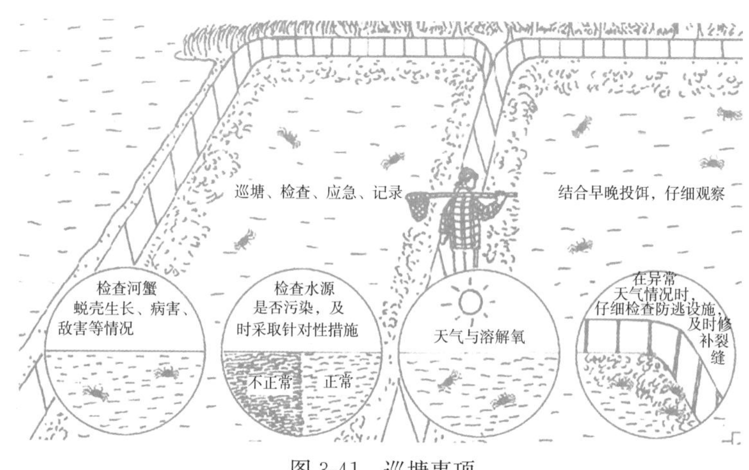

图 3-41　巡塘事项

（五）捕捞上市

河蟹按照市场价格行情和具体成熟时间选择上市，一般在 9—12 月。水源条件好的情况下蟹塘出产部分青虾，可分两次进行捕捞，分别在端午和国庆节前后，用地笼套捕，捕大留小。

（1）育肥管理　进入秋季河蟹育肥阶段，应注意育肥强度和上市节奏，加大营养投喂后河蟹“膘肥体壮”，商品蟹性腺成熟，应及时捕捞上市，以防逃跑和营养消耗，影响河蟹品质。

（2）捕捞、暂养　从 9 月开始，应根据河蟹养殖情况和市场行情，适时采用地笼套捕同步上市。如果因市场等因素的影响不能及时上市，捕获的河蟹可用蟹箱、蟹篓或封闭的小池暂养，注意分规格、分雌雄暂养，再根据市场行情适时销售（图 3-42）。

图 3-42 网箱分级暂养

三、池塘套养技术

随着河蟹养殖业的快速发展，养殖规模逐年加大，养殖产量逐年增加且上市时间较为集中，河蟹养殖价格波动较大，单一河蟹养殖效益逐年降低，抵御市场风险的能力逐步减弱，直接影响了河蟹产业的持续健康发展。而青虾、塘鳢等其他名特优品种价格一直保持稳定且有上升趋势，因此打破单一河蟹养殖，在蟹池合理套养适宜的名特优品种是巩固和发展河蟹产业的必由之路，也是符合河蟹养殖实际的必然选择。目前，最主流、成熟的套养模式为“蟹-虾-鱼”套养，其效益最为可观和稳定。

池塘整理、环境营造、蟹种放养等整体准备、管理环节与池塘主养河蟹要求一致，现重点介绍套养的方式方法。

（一）套养模式选择

蟹池套养模式多种多样，比较成熟具规模的有“河蟹-青虾-鳜（或黄颡鱼、翘嘴红鲌、塘鳢）”“河蟹-青虾-泥鳅（或网箱养黄鳝）”等；也有以河蟹为主或以河蟹为辅的混养方式，如以蟹为主混养小龙虾（或南美白对虾、罗氏沼虾），以鱼（成鱼或鱼种）为主混养河蟹，以小龙虾（或南美白对虾、罗氏沼虾）为主混养河蟹等；还有河蟹与套养品种平分秋色的养殖方式。各种混养方式都可套养少量鲢、鳙和细鳞斜颌鲴；因匙吻鲟的市场价比鳙的高数倍，也可用匙吻鲟替代鳙；还可套放少量异育银鲫亲本，可产卵繁殖，为套养的肉食性鱼类提供充足、适口的饵料鱼，可选的肉食性鱼类有黄颡鱼、大口黑鲈、鳜、沙塘鳢、黄鳝等名特优水产品。总之，要根据市场行情、苗种来源、养殖技术水平和自身的实际等因素综合选择套养品种和方法。

（二）管理技术

1. 饵料投喂

（1）总体要求　人工调控的蟹塘生态系统多样性丰富，可套养的品种较多，针对不同的套养品种，进行科学合理的饵料投喂是关键。具体要求做到“统筹兼顾、各有侧重”。

（2）鱼类套养投喂　蟹池可适当套养翘嘴红鲌、黄颡鱼和塘鳢等名特优鱼类，将经济价值低的野杂鱼转化为经济价值高的鱼类，提高产出。该模式为确保套养品种的正常生长，应补充投喂专用膨化饲料。刚开始投喂时要进行驯食，采用鱼糜和膨化饲料定点投喂，少量多次，以后逐渐减少鱼糜用量，直到全部使用膨化饲料。日投饵量以投喂 2 小时内吃完为宜，与河蟹颗粒饲料同时投喂。部分套养的肉食性鱼类，如鳜则需放养少量异育银鲫，或异育银鲫、鲢、鳙的夏花，补充其活鱼饵料，以提高成

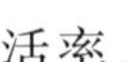

活率。

（3）虾类套养投喂　套养南美白对虾、罗氏沼虾、小龙虾的蟹池，需根据放养数量适当补充投喂虾类专用配合饲料，投饲量以存塘虾体重的3%～5%计算，以满足其生长需求。如套养青虾，当水温上升到10℃时，可全池施用100～150千克/亩的腐熟有机肥，培育浮游生物和底栖生物，为青虾提供天然活性饵料。

2. 水质管理

总体要求与主养河蟹要求一致，确保主养对象河蟹的生长适宜生长。但考虑到养殖品种的多样性和总体池塘溶解氧负载的增加，需特别注意以下两点：

（1）水质调控　在水质调节方面，主要通过水草、底栖螺蚌等生物的自净功能调节水环境，使水质达到“鲜、活、嫩、爽”。溶解氧保持在5毫克/升以上，透明度40厘米以上，pH 7.5左右，氨氮0.1毫克/升以下。应坚持5～7天注水1次，高温季节每天注水10～20厘米，特别是在河蟹每次蜕壳期，要勤注水，以促进河蟹正常蜕壳生长。

（2）溶解氧保持　根据池塘溶解氧变化规律，确定开机增氧的时间和时段，一般4—5月，阴雨天半夜开机；6—10月，14：00开机，2～3小时，日出前1小时再开机2～3小时；连续阴雨或低压天气，22：00开机到翌日中午；养殖后期，勤开增氧机以促进水产养殖对象生长，有条件的可进行池塘溶解氧检测，适时开机，以保证水体溶解氧维持在6毫克/升以上。

3. 管理日志

每天早晚各巡塘1次，观察水质状况、虾蟹鱼的吃食与活动情况、防逃设施是否完好等，发现问题及时解决。对天气、气温、水温、水质要进行测量和记录，尤其是苗种放养、饲料投喂与施肥、虾蟹捕捞与销售等情况应及时录入塘口档案，纸质、电子档案均可。

（三）捕捞销售

1. 虾类捕捞

套养青虾幼虾的蟹池，5 月底即可开始轮捕销售；放养抱卵虾和虾苗的蟹池，9 月下旬开始不断轮捕销售。12 月以后天冷时一般采用手抄网、虾拖网或干塘捕捞。小规格虾苗，可囤塘留作翌年春季放养苗种。套养南美白对虾、罗氏沼虾、小龙虾的蟹池，根据其生长规格适时采取地笼捕捞，或冲水网捕，南美白对虾和罗氏沼虾因不能过冬须在第 1 次寒潮来临之前捕尽。

2. 河蟹捕捞

时间为 10—12 月，以地笼张捕和徒手捕捉为主，灯光诱捕、干塘捕捉为辅。捕捉的成蟹放在水质清新的大水面或蟹池中设置的上有盖网的防逃网箱中，暂养 2 小时以上（图 3-43）。

图 3-43　地笼捕捞

3. 鱼类捕捞

以干塘捕捞为主，地笼捕捞为辅。在用地笼捕捞虾蟹时，将捕获的达到上市规格的套养鱼暂养起来集中销售，未达上市规格的及时放入池中继续饲养，年底干塘将所有套养鱼捕捉上市。

四、“稻-蟹”综合种养技术

（一）“稻-蟹”综合种养的优点

稻田综合种养，是当前农业生产中一项具有综合效益的系统工程，对于稳粮保供、增产增收、引导农民致富、振兴农村经济有着重要作用。它既不是稻田养蟹，也不是蟹田种稻，而是种养并重，稻蟹共生的稻田种养新技术。其有以下几个优点。

1. 有利于水稻生长，水稻不减产，又提高品质、增加效益

河蟹摄食稻田中的杂草、绿萍、底栖生物，并大量消灭稻叶蝉、螟虫等害虫，其排泄物可肥田。据测定，连续几年养蟹的稻田，耕作层的土壤有机质含量提高了1倍左右，这就促进了水稻生长，提高了水稻产量。在种植上采用大垄双行技术，水稻栽插“一行不少，一穴不缺”，利用水稻的边际效应，水稻增产5%～17%，而且是“绿色稻”，每千克售价增加0.2元，成本下降10%以上。

2. 稻田为河蟹提供良好的栖息环境，促进河蟹生长

稻田水浅、遮光，有利于河蟹隐蔽和蜕壳，浅水饵料生物多，有利于河蟹生长。稻田养殖后期有条件的可增加动物性饵料投喂量，以强化稻田蟹的营养品质。

3. 稻蟹共生，经济效益明显提高

每亩稻田可收稻谷400千克左右，收获成蟹25千克以上，可提高纯效益1 000～1 500元。

4. 综合效益显著

稻田养蟹将种植与养蟹密切结合起来，不仅提高了土地和水资源的利用率，而且稳定了农民种粮积极性；不仅降低了生产成本，减少了化肥、农药的使用，而且提高了河蟹和水稻的品质，同时净化了养殖水体；不仅社会效益、经济效益明显提高，而且生态效益显著。

5. “一水二用、一地双收”

该项技术不仅节约了土地、水资源，而且稻蟹共生，稻田病虫

害、杂草明显减少，水稻有利于河蟹隐蔽、蜕壳和生长，确保稻田湿地环境和谐友好，是名副其实的资源节约型、环境友好型、食品安全型的产业。“稻-蟹”综合种养技术能够“一水二用、一地双收”，对我国粮食安全具有重要意义。

（二）稻田选择与田间改造

1. 养蟹稻田的选择

选择水源充足、排灌方便、水质无污染且符合渔业水质标准，交通便利、保水力强的田块，尤其是田埂不能漏水。一般可选择中低产田进行稻田养蟹，增产增效更加明显。稻田面积以0.33～0.47公顷为宜。

2. 田间工程改造

（1）暂养池　又称蟹溜，主要用来暂养蟹种和收获商品蟹。目前，大多数农户均利用田头自然沟，甚至利用池塘代替，面积100～200米^2，水深1.5米左右。

（2）环沟　一般在稻田的四周离田埂1.0米左右开挖环沟，沟宽1.0米，沟底宽0.5米，深0.6米。沟水面占稻田总面积的5%～10%。沟宜在插秧前开挖好，插秧后，清除沟内的浮泥。

（3）堤埂　堤埂加固夯实，高不少于0.5米，顶宽不应少于0.5米。

（4）进排水口设置　进排水口对角设置。进排水口用管道较好，水管内外都要用网包好，中间更换2次，网眼大小根据河蟹个体大小确定。进水口应高于池面而悬空伸向池中，以免河蟹沿进水沟（管）逃逸。如进水口和出水口建在池埂上，其进出水口必须套上双层网片，以防止河蟹逃逸（图3-44、图3-45）。

3. 防逃设施

河蟹攀爬逃逸能力强，所选用的防逃材料应光滑而坚实，周边既无可供蟹足支撑向上攀附的基点，又要考虑材料耐久性和成本，以及材料来源的方便性等。具体材质、安装方法和要求与常规河蟹养殖塘口一致。

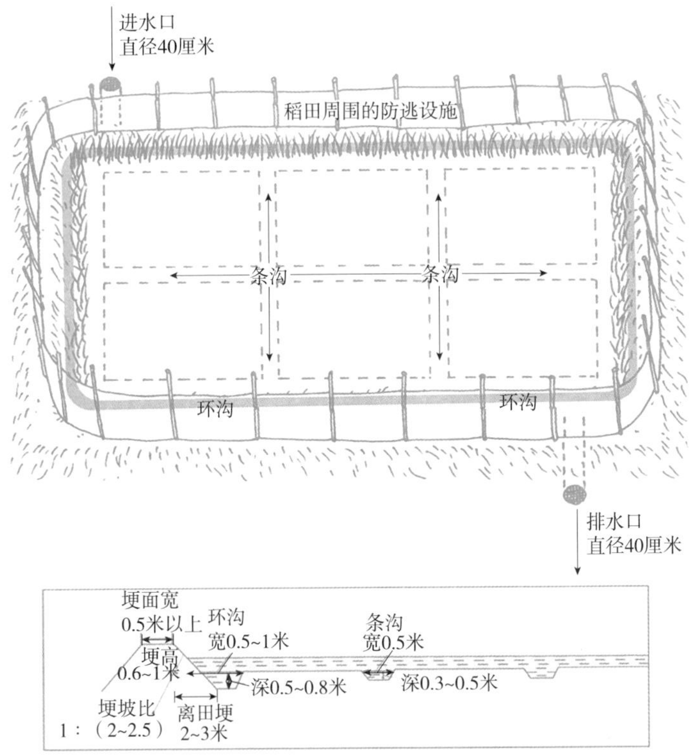

图 3-44 稻田综合种养田间改造示意图

图 3-45 “稻-蟹”综合种养

（三）稻田种、养前的准备

1. 清田消毒

田块整修结束，每公顷用生石灰450～525千克泡成乳液，全田泼洒，以杀灭敌害和病菌，补充钙质。如为盐碱地田块，则应改用漂白粉消毒，使稻田水中漂白粉浓度达到20毫克/升。

2. 施足基肥

应多施有机肥和生物肥，不用或少用化肥。可采用测土配制生态肥，在耙地前一次性施入配方肥。通常在稻田移栽秧苗前10～15天进水泡田，进水前每公顷施1.95～2.25吨腐熟的农家肥和150千克过磷酸钙作基肥。进水后整田耙地，将基肥翻压在田泥中，最好分布在离地表面5～8厘米。

3. 暂养池移栽水草

暂养池加水后，用生石灰彻底清池消毒。在插秧之前1～2个月，暂养池中必须事先移栽水草，通常以栽种伊乐藻为佳，以利于蟹种的栖息、隐蔽、生长和蜕壳。暂养池早栽草是提高蟹种成活率的关键措施。

种、养前的稻田系统见图3-46。

图3-46　种、养前的稻田系统

（四）水稻栽培与管理

1. 水稻选种

选择生长期长、分蘖力强、丰产性能好、耐肥、抗倒、抗病虫、耐淹、叶片直立、株型紧凑的水稻良种，如“辽星1号”“辽粳9号”和“千重浪”等。为预防水稻象甲虫病，插秧前3天，采取苗床喷洒内吸剂型杀虫剂（苦磣碱）防治，避开大面积栽插后用药伤害河蟹。

2. 水稻栽插

水稻栽插采用“大垄双行、边行加密技术”。以长420.0米、宽357.0米的1.0公顷稻田为例，常规插秧0.3米为1垄，2垄0.6米。大垄双行2垄分别间隔0.2米和0.4米，2垄间隔也是0.6米。为弥补边沟占地减少的垄数和穴数，在距边沟1.2米中间增加1行水稻，0.2米垄边行插双穴。一般每公顷约插20.25万穴，每穴3～5株（如稻田内设暂养池，则待蟹种捕出后，用泥填平后，再补插秧苗）。

3. 养蟹稻田水位管理

养蟹稻田，田面需经常保持3～5厘米深的水，不任意改变水位或脱水烤田。如确需烤田时，只能将水位下降至田面无水，也可采用分次进行轻烤田，以防止水体过小而影响河蟹生长。

4. 病害防治

养蟹稻田，水稻病害较少，一般不需用药。如确需施用，必须选用毒性低的农药；准确掌握水稻病虫发生时间和规律，对症下药；要采用喷施，尽量减少农药洒落地表水面；施药前应降低水位，使蟹进入蟹沟内，施药后应换水，以降低田间水体农药的浓度；分批隔日喷施，以减少农药对河蟹的危害。

（五）稻田蟹种投放与管理

1. 放养方法

选种、放养步骤与池塘主养河蟹要求一致。蟹种通常放养规格为 150～200 只/千克，每公顷投放 0.75 万～0.90 万只，蟹种先在稻田暂养池内强化培育（暂养池蟹种放养密度不超过 4.5 万只/公顷），待秧苗栽插成活后再加深田水，让蟹进入稻田生长。

2. 科学投饵

（1）定季节　在养殖前期，饵料品种一般以优质全价配合饲料为主；养殖中期，饵料应以植物性饵料为主，如黄豆、豆粕和水草等，搭配少量颗粒饲料，适当补充动物性饵料，做到荤素搭配、青饲料、精饲料结合；养殖后期是育肥阶段，多投喂动物性饵料或优质颗粒饲料，其比例至少 50%。

（2）定时　河蟹的摄食强度随季节、水温的变化而变化。在春夏两季水温上升至 15℃以上时，河蟹摄食能力增加，每天投喂 1 次。水温 15℃以下时，河蟹活动、摄食减少，可隔日或数日投喂 1 次。因为河蟹具有昼伏夜出活动的特性，故应在傍晚前后投饵。

（3）定点　养成河蟹定点摄食习惯，既可节省饲料，又可观察河蟹吃食、活动等情况。一般每公顷选择 75 个左右投饵点。

（4）定质　稻田养蟹要坚持精饲料、青饲料、粗饲料合理搭配。精饲料为玉米、麦粒、豆粕和颗粒饲料，前者必须充分浸泡，煮熟后投喂；而颗粒饲料要求蛋白质含量在 38%以上，并含有 0.1%的蜕壳素，其水中的稳定性需在 4 小时以上。青饲料主要是河蟹喜食的水草、瓜类等。动物性饵料为蓝蛤、小鱼虾、天津厚蟹、动物内脏下脚料。为防止其变质，有利于蟹消化吸收，冰鲜的动物性饵料必须煮熟。

（5）定量　一般每天投喂 1～2 次，投喂动物性饵料量占蟹体重的 3%～5%；植物性饲料量占蟹体重的 5%～10%。每次投饵前应检查上次投饵吃食情况，灵活掌握。

3. 水质调控

稻田养蟹，由于水位较浅，要保持水质清新，溶解氧充足，就要坚持勤换水。水位过浅时要适时加水，水质过浓时应更换新水。正常情况下，稻田中水深保持 5～10 厘米即可。注意换水时温差不要过大，一般宜在 10：00—11：00，待河水与稻田水温接近时进行。换水次数：4—6 月每周 1 次，每次换水 1/5；7—8 月每周 2～3 次，每次换水 1/3；9 月后每 5～10 天换 1 次，每次换水 1/4。

调节水质的另一个有效方法是定期施生石灰，一般每半个月施 1 次，每公顷用量 225 千克左右。注意施生石灰的面积，按蟹沟和暂养池等面积来计算。定期施生石灰，既可调节池水的 pH，改良水质，又可增加池水钙的含量。

（六）河蟹的捕捞与水稻的收割

通常在水稻收割前 1 周，开始将稻田内的河蟹捕出。在辽宁等北方地区一般国庆节前收商品蟹，国庆节后收割水稻。具体起捕方法与池塘养殖河蟹一致。收割水稻时，为防止伤害河蟹，可通过多次进排水，使河蟹集中到蟹沟、暂养池中，然后再收割水稻（图 3-47）。

图 3-47　准备收割水稻

五、捕捞、暂养、囤养及包装运输技术

（一）捕捞

1. 捕捞时间

池塘养殖的成蟹捕捞时间建议在 10—11 月，此时河蟹基本性

成熟，各地可根据当地的实际情况并结合市场价格自行决定。销售季节整体在9—12月。如捕捞过早，一部分河蟹尚未完成蜕壳变为绿蟹，其生产潜力没有充分发挥出来。而捕捞过晚，由于天气转凉，河蟹因生殖洄游，易越墙逃逸，留池河蟹也穴居越冬，不易捕捉。

2. 捕捞工具

（1）地笼捕捞　地笼也称蜈蚣网、百节网，呈带状横卧在养殖水域泥底。该网用钢筋制成近正方形框架，一般框架边长40～80厘米，每隔50～100厘米按放一个框架，在两个框架之间的网身上制成一个倒须网。地笼底部用石笼作为沉子，紧贴河底，当河蟹开始洄游时，大部分蟹进入倒须网，最后进入一个长2～3米囊网中，从囊网中倒出河蟹即可。地笼捕捞是目前养殖水域捕捞河蟹使用最普遍、最有效的方法，一般可捕捞塘口蟹的70%～80%。

（2）其他方法　根据河蟹的习性发明的捕捞方法有流水捕捞法、灯光诱捕法、干塘捕捞法。具体生产中可结合实际综合运用，以地笼捕捞为主，灯光诱捕、干塘捕捞为辅（图3-48）。

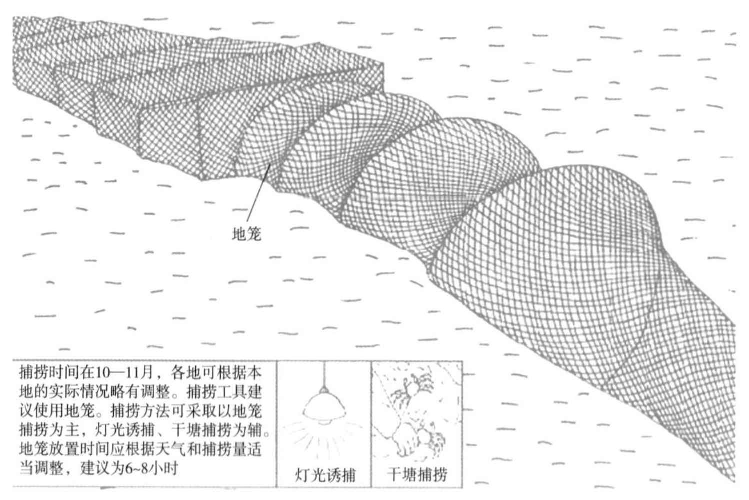

图3-48　地笼捕捞

（二）暂养、囤养

流水刺激捕蟹

1. 暂养

对于捕捞起来的商品蟹，为便于集中运输，进行远距离销售，或留待市场紧缺时再行销售的，都需要就地集中进行暂养。可采取池塘、小网围、网箱等方式进行暂养。特别是应将软壳蟹分开暂养。暂养时应根据水温变化，适时调节水质，调整饲料投喂量。暂养时间不易太长，建议视市场价格确定暂养时间。养殖产品应经检测达无公害河蟹标准后才可适时分批销售。

2. 囤养

一般主要用于低价收购留待市场紧缺时再行集中销售，囤养时间长短不一，须选择土池或集中连片的网箱进行囤养与管理。按照市场不同消费对象的要求，严格挑选起捕或收购的商品蟹，分规格称重过数，分别进行暂养（图 3-49、图 3-50）。

图 3-49　商品蟹分级暂养

图 3-50 规模化围养

（三）包装运输

1. 包装方法

河蟹分级挑选

（1）包装工具　一般先用聚乙烯网袋按规格大小、雌雄分开，装入河蟹，蟹腹部朝下整齐排列，放好打上标签后将袋口扎紧，以防止河蟹在袋内爬动，即可装车运输。如长途运输，须装袋后再装入泡沫箱或蒲包、筐内（图 3-51），气温高时要在泡沫箱中放入冰块降温，注意避免网袋之间的挤压引起机械损伤。

（2）标签标识　标明产品名称、等级、规格、雌雄、净含量、生产者名称和地址、包装日期、批号和产品标准号。

2. 运输

在低温清洁的环境中装运，保证鲜活。运输工具在装货前应清洗、消毒，做到洁净、无毒、无异味。运输过程中，防温度剧变、挤压、剧烈震动，不得与有害物质混运，严防运输污染。运输过程中如需要暂养、储存，暂养用水应符合农业行业标准《无公害食品 淡水养殖用水水质》（NY 5051—2001）的规定。

图 3-51 网袋批量分级包装

第五节 河蟹绿色养殖关键技术

一、水质调控技术

（一）蟹塘需要关注的水质指标

1. pH

pH 是氢离子浓度指数，天然水体的 pH 是各种溶解的化合物、盐类和气体所达到的酸碱平衡值。引起水域 pH 变化的重要因素有浮游植物的光合作用和生物残骸、排泄物等的分解等。

（1）酸性水体的危害　当 pH<5 时，会造成河蟹酸中毒，中毒后的河蟹表现为极度不安、上岸、呼吸急促、鳃部充血、黏液增多，最后窒息死亡。

（2）碱性水体的危害　当 pH>9 时，对河蟹有强烈的腐蚀性，使河蟹鳃损伤严重。同时，使河蟹呼吸困难甚至窒息，河蟹失去调节渗透压的能力而死亡。碱中毒后，河蟹会分泌大量黏液，甚至可拉成丝，造成河蟹鳃部腐蚀性损伤等。

（3）适宜酸碱度　河蟹养殖水体的 pH 要求中性偏碱，一般要求在 7.5 左右，pH 过高或过低对河蟹养殖均不利。

（4）酸碱度调节　养殖水体中的 pH 的调节主要用石灰、石膏、明矾、重碳酸盐，只有在特殊的养殖条件下，才加入一些化学物质来调节。

2. 溶解氧

（1）重要性　水体中溶解分子态氧的量直接关系到水生生物的生存与繁殖。在正常的温度、压力、盐度下，大气与水之间平衡交换，使水中溶解氧含量趋于饱和状态，从而保证水生生物良好的栖息环境。

（2）溶解氧限值　一般认为，溶解氧含量低于 2.0 毫克/升时，水生生物即受到严重威胁，溶解氧进一步下降时会引起一系列生化过程，如厌氧细菌大量繁殖，尤其底层极度缺氧时，沉积物变黑，释放出硫化氢、甲烷等有害气体。因此，溶解氧的含量是衡量水质好坏的主要指标之一。

（3）增氧方法　增加水体中溶解氧最有效的方法是机械增氧，在应急的情况下，可使用增氧剂。常用的增氧剂有过氧化钙、过碳酸钠、二硫酸铵等。

3. 钙、镁离子及硬度

（1）重要性　水体中的钙、镁离子与水生生物的生命活动有密切关系。钙是动物骨骼、甲壳及植物细胞壁的重要组成元素之一，缺钙会引起动植物生长发育不良，特别是限制藻类的繁殖。镁元素是叶绿素中的成分，在糖代谢中起着重要的作用，缺镁植物细胞内的核糖核酸合成将停止，氮代谢紊乱，缺镁也会影响藻类对钙的吸收。

钙、镁离子及其他二价以上的金属离子构成水的硬度，不过淡水硬度主要由钙、镁离子的含量所决定。硬度对水生生物具有重要的生态学意义，河蟹等甲壳类的养殖水域要求有较高的硬度。

（2）调控方法　当养殖水体中的钙、镁离子和硬度偏低时，可用石灰进行调节，在某些情况下还可以适当添加一些镁制剂。

4. 氨氮

（1）危害性　水体中的氨对水生生物构成危害的主要是非离子氨。非离子氨对河蟹类的毒性作用主要是损害河蟹的肝、肾等组织，使河蟹的次级鳃丝上皮肿胀，黏膜增生而危害鳃，使河蟹从水中获氧的能力降低，甚至窒息死亡。

（2）调控方法　养殖水体中氨的调节主要是投放一些沸石粉、硅藻土、高岭石，利用它们来吸附水体中的氨。另一种方法就是向养殖水体中投放有益微生物，利用微生物来降解水体中的氨，常用的有光合细菌、硝化细菌以及复合微生物。

5. 硫化物

（1）危害性　当水体中含有大量硫化氢时，它能降低血液携带氧的能力，造成河蟹因缺氧而死亡。同时，硫化氢对河蟹鳃部有很强的刺激作用和腐蚀作用，使组织发生凝血性坏死，引起河蟹呼吸困难、窒息死亡。另外，中毒河蟹的血液、肾、脾中硫代硫酸盐水平增加。

（2）调控方法　硫化物的消除可以通过曝气增氧使之氧化成硫酸根，另外一种方法为向水体中投放微生态制剂。

6. 亚硝酸盐

（1）危害性　亚硝酸盐对养殖生物的毒性与温度、溶解氧，以及氯离子的浓度等因素有关。一般情况下，当水体中的亚硝酸盐浓度达到0.1毫克/升时，养殖生物就会受到影响。其作用机理是通过影响养殖生物的呼吸作用，从而导致养殖生物缺氧，甚至窒息死亡。

（2）调控方法　一种方法是通过投放微生态制剂改善水体微生态系统，如光合细菌、硝化细菌、复合微生物等；另一种方法是增加水体中氯离子的浓度。一般情况下，当水体中的氯离子浓度是亚硝酸盐浓度的 6 倍时即可抑制亚硝酸盐对养殖生物的危害。

测水质常用的氨氮和亚硝酸盐试剂见图 3-52。

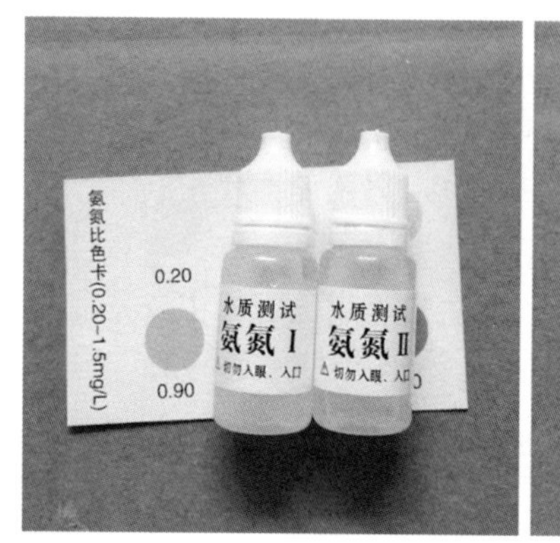

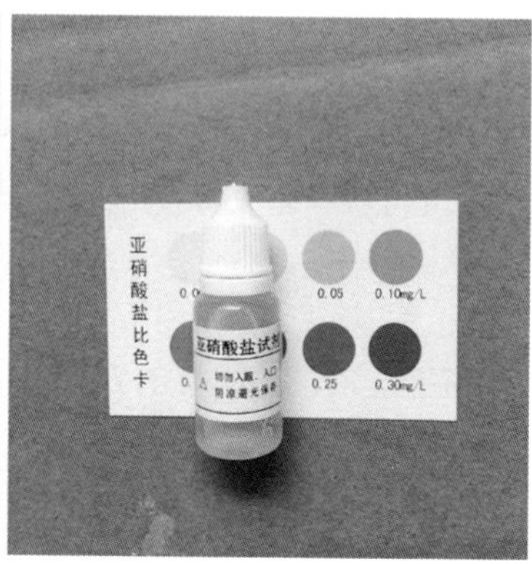

图 3-52　测水质常用的氨氮和亚硝酸盐试剂

（二）水质调控方法

河蟹喜欢在水质清新、水草茂盛、溶解氧充足、底栖生物丰富的水体中生活，池水的水温、溶解氧、pH、硫化氢、氨氮，以及浮游生物、底栖生物均与河蟹的栖息和生长发育有着密切的关系。因此，要获得较好的养殖效果，很重要的一点就是要使水质适合河蟹的生长需要，对不适宜的水质要进行改良和调节。

1. 物理调控

（1）清塘清淤　冬春季清塘时，不只要用药物彻底消毒，而且要清除过多的淤泥，因淤泥中存在过多的有机质，在溶解氧缺乏时，引起水质、底质恶化，产生硫化氢、氨、沼气等有害物质而危害河蟹，因此在放养前一定要清除过多的淤泥（可留淤 3～5 厘米，用于栽培水草）。

（2）注换新水　注换新水对保持良好水质、补充溶解氧起到较大作用。应根据天气、温度、水位、水质状况灵活掌握。换水量、换水频率及换水方法见图 3-53。另外，需要注意的是河蟹摄食明显下降，白天都离水乱爬或匍匐于水草表面，表明水质变坏，应立即注入新水或换水。在连续阴雨闷热、有机质被大量分解的情况下，要勤换水，或久旱不雨，水质老化时，也要勤换水。

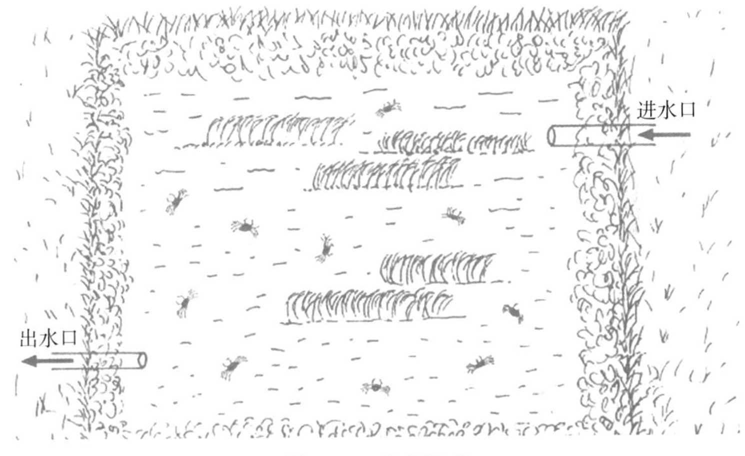

图 3-53　换水调节

（3）机械增氧　适时开增氧机等机械设备，可调节水中的氧盈和氧债，以维持蟹塘的优良水体环境。用增氧机要坚持“三开两不开”，即晴天中午开机，阴天时翌日清晨开机，阴雨连绵或水肥蟹多，半夜开机，傍晚不开机，阴雨天白天不开机。

2. 生物调控

（1）冬春肥水　对于水质清瘦的蟹塘，要进行冬春肥水。冬春肥水，一是可以培育浮游植物，有利于早期光合作用，提高水体溶解氧；二是可以为套养的青虾、鲢、鳙等提供天然饵料，提高养殖效益；三是可以有效抑制青苔繁殖。肥水方法为选择晴好天气，每亩使用生物有机肥 20～25 千克。

（2）栽培水草　除为河蟹长期提供青绿饲料外，水草还可吸收水中的营养盐类净化水质，并通过光合作用增加水中溶解氧，在高温季节还能降低局部水温。多品种搭配栽种水草，保持养殖周期内池塘水草覆盖率达 50%～70%。

（3）移殖螺蛳　螺蛳不但能为河蟹提供其喜食的动物性饵料，还能大量摄食有机碎屑、残饵及粪便等，净化水体特别是底栖环境。清明前后，每亩移殖螺蛳 200～250 千克，让其自然生长繁育，充分净化水体。有条件的，高温前后再补投一次螺蛳。

（4）放养滤食性鱼类　鲢、鳙等鱼类可滤食水体中的浮游生物、残饵及粪便，进而降低池水肥度，达到调节水质的目的。

（5）施用微生态制剂　光合细菌（PSB）、EM 菌等微生态制剂，可转化吸收水体中的氨氮、硫化氢、亚硝酸盐，进而降低水体肥度，达到调节水质的目的。每次每亩每米水深使用光合细菌溶液或 EM 菌 1～1.5 千克，用水稀释全池泼洒，不可与生石灰、消毒剂同时使用，以免降低效果（如需使用，应间隔 1 周）。

3. 化学方法调控

（1）泼洒生石灰　在池塘养蟹中，生石灰有杀灭过剩的浮游生物、降低水体肥度、调节 pH、提高水体透明度等功能，还有补充河蟹生长发育需要的钙以及防病的作用。生石灰的使用量、使用频率见图 3-54。

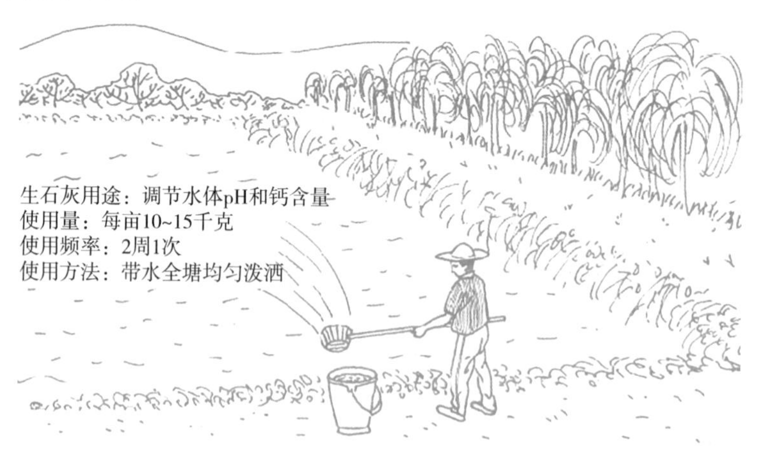

图 3-54　生石灰用量及使用频率

（2）泼洒天然沸石和麦饭石　天然沸石和麦饭石具有较高的分子孔隙度和良好的吸附性，定期向养殖水体中泼洒沸石粉或麦饭石后可以去氨增氧，增加水中微量元素含量，从而起到优化养殖生态环境、促进水生动物生长的作用。

（三）两类常用水质改良方法

1. 生石灰的使用

蟹塘使用生石灰，可改善水质、增加溶解氧、调节水体 pH、增加水体钙离子浓度，利于蟹蜕壳生长；使用不当，会造成不必要的损失。蟹池生石灰施用必须注意以下几点。

（1）掌握泼洒时间　全池泼洒以晴天 15：00 之后为宜，避开上午水温不稳定、中午水温过高时段，水温升高会使药性增加。夏季水温在 30℃以上时，对于池深不足 1 米的小塘，全池泼洒生石灰要慎重，若遇天气突变，很容易造成泛塘。还要避开闷热、雷阵雨天气；否则，会造成缺氧泛池现象的发生。生石灰应现配现用，以防沉淀减效。

（2）根据 pH 调节　一般精养池，河蟹摄食生长旺盛，经常泼洒生石灰效果较好；新挖池因无池底淤泥，缓冲能力弱，有机物不足，不宜施用生石灰；否则，会使有限的有机物加剧分解，肥力进一步下降，更难培肥水质。水体 pH 较低的池塘，要泼洒生石灰加以调节；水体 pH 较高，钙离子过量的池塘，则不宜再施用生石灰，否则会使水中有效磷浓度降低，造成水体缺磷，影响浮游植物的正常生长。

（3）配伍禁忌　生石灰是碱性药物，不宜与酸性的漂白粉或含氯消毒剂同时使用；否则，会降低药效。生石灰不能与敌百虫同时使用，敌百虫遇碱水解生成敌敌畏，会使毒性增加。生石灰不能与化肥或铵态氮肥同时使用，容易引起鱼类氨中毒；生石灰若与磷肥同时使用，会降低磷肥肥效。生石灰若与以上药物、化肥连续使用，要有 5 天以上的间隔期。

2. 微生态制剂的使用

实践证明，在河蟹养殖过程中，全程使用乳酸菌、芽孢杆菌、

EM菌等有益微生态制剂调节水质，每5～7天选择晴好天气交替使用1次，对改善蟹塘生态环境、提高河蟹机体免疫力、预防疾病、促进河蟹生长等方面有明显的效果。不可与消毒剂、杀虫剂同时使用。

（1）种类介绍　按菌种分大致可分为4大类，一是乳酸菌类，二是酵母菌类，三是芽孢杆菌类，四是光合细菌。这些菌类都是已经证明对养殖动物和水体环境有益无害的细菌，故又统称为益生菌。不同种类有不同作用，严格按照作用选择种类，并按使用说明书使用。

（2）产品选择　目前的微生态制剂产品质量不稳定，检测方法混乱，无统一的国家标准，因此养殖户最好选择大厂家的品牌产品。

（3）使用方法　投入池塘中的微生态制剂经过一段时间会自然消亡，因此在养殖过程中要定期使用，一般10天左右使用1次，使用前后最好进行活化培养。一般选择晴天中午使用，效果最好。

（4）仓储环境　微生态制剂要在避光、低温条件下储存，一般在5～15℃，达不到这一储存条件，势必会造成产品菌种含量达不到商品标签上注明的含量，而且菌种含量还会随着存放时间的延长不断下降。因此，最好购买出厂时间较短的产品，现买现用，尽量不要长时间存放。

二、科学选种技术

发展河蟹生态养殖，需要有优质的蟹种，而培育优质的蟹种需要健康的蟹苗，繁育健康的蟹苗离不开生长快、品质优的河蟹亲本。多年生产实践表明，优质大规格的长江水系河蟹亲本科学繁育的苗种具有良好的生产性能和经济价值。

（一）亲本选择

育苗所用的亲蟹个体应规格整齐、体质健壮、附肢齐全、性腺发育良好、无病无损，如有条件建议雌性个体体重150克以上，雄性个体体重200克以上。所选亲蟹养殖区域同一水系中确保无发病和污染源，成蟹养殖过程中确保无发病现象，不同水源、地域来源的亲本杂交效果更好。亲蟹的选择时间，应安排在水温开始明显下降，成蟹上市的高峰期之后。在长江中下游应以 10 月下旬为宜，即在霜降前后。

各育苗场应避免选用生长缓慢、个体偏小的其他水系河蟹，应选择具有长江水系河蟹特征的亲蟹作为繁殖优质蟹苗亲本。长江中下游水系河蟹原种场是选择亲蟹的良好场所。

（二）蟹苗选择

一般采取“选送亲本、定点繁苗”的方法，挑选规格在 150 克/只以上的雌蟹，200 克/只以上的雄蟹，送至蟹苗繁育场进行土池繁苗。建议选购优质、经过淡化的长江水系河蟹苗。最好是 5—6 月的中晚期苗，如 5 月中下旬至 6 月上旬出池的土池人工苗。具体选购时要注意，除了解蟹苗繁育场信息外，表 3-9 所示的 6 种蟹苗不能购买。

表 3-9　不宜购买的 6 种蟹苗

俗称	特征	危害
花色苗	体色杂、规格不一	混杂有其他种蟹苗或发育不一，蜕壳时易自相残杀，成活率低
海水苗	体色呈深黑色，须经淡化到盐度 4 以下，才能适应淡水生活	直接移入淡水中易引起蟹苗昏迷死亡
嫩苗	体色呈半透明状，头胸甲中部具黑线，蟹苗日龄低，仅 3～4 日龄	甲壳软，经不起操作和运输时的挤压，仔蟹培育成活率低
高温苗	人工育苗时，过度升高水温，以加速蟹苗变态发育，降低育苗成本	对低温适应能力差，到仔蟹培育阶段成活率很低
药害苗	蟹苗长期在含有抗生素的水中“泡”大，以抑制致病菌的繁殖	仔蟹无法吸收钙质硬化，最终大批死亡，成活率极低
蜕壳苗	部分蟹苗蜕壳变态为Ⅰ期仔蟹，正处于蜕壳时期，甲壳软	运输时蟹苗处于集中蜕壳时期，易被挤压、残杀，运输成活率低

（三）蟹种选择

蟹种选择与放养是成蟹养殖的第 1 道工序，选择品种纯正、体质健壮、规格适宜的蟹种科学放养，是养蟹成败和效益高低的关键。蟹种挑选除参考池塘主养河蟹技术中蟹种鉴别与选择外，重点考虑种质因素，即要了解蟹苗的来源，要求亲蟹来自长江水系，个体较大，雌蟹单只重 150 克、雄蟹单只重 200 克以上。最好选购土池模拟天然环境繁殖的大眼幼体培育的蟹种。

三、科学投喂技术

（一）河蟹的营养需求

1. 蛋白质

蛋白质是河蟹必需的营养物质，从溞状幼体期至养成期要求总粗蛋白质含量介于 28％～45％，其必需氨基酸主要有苏氨酸、缬氨酸、亮氨酸、异亮氨酸、色氨酸、蛋氨酸、苯丙氨酸、组氨酸、赖氨酸和精氨酸共 10 种。国内外关于河蟹不同生长期对各种必需氨基酸的需要量及限制性氨基酸的种类，还缺乏系统深入的研究，对氨基酸消化吸收的研究报道也较少，生产上为了使配合饲料中氨基酸互补，尽可能搭配使用多品种原料，如鱼粉、各种饼粕类、酵母、糠麸类等。

2. 脂类

脂类是河蟹生长发育过程中所必需的能量物质，它提供河蟹生长发育所需的脂肪酸、胆固醇及磷脂等营养物质，还有助于河蟹对脂溶性维生素的吸收。

3. 粗纤维

粗纤维一般不能被河蟹直接利用，但却是维持河蟹健康所必需的。适量的粗纤维可刺激河蟹消化酶的分泌，促进消化道蠕动和对蛋白质等营养物质的消化吸收。

4. 矿物质

矿物质是河蟹机体组织的构成成分，如钙、磷、镁，不仅参与维持体内酸碱平衡和渗透压平衡，还参与酶的合成、神经活动等一系列生命活动，对河蟹等甲壳类动物的生命活动具有重要意义。

5. 维生素

维生素在河蟹生长、发育过程中不可缺少，但河蟹自身不能合成，必须从饲料中获取。维生素在光、热、空气等影响下，不稳定，易分解，在饲料中添加时应予以注意。维生素 C 参与几丁质的合成，促使甲壳正常硬化，提高蜕壳成活率和生长速度，并有助于提高河蟹的抗病能力；维生素 D_3 对促进钙磷在肠道中的吸收及在骨基中的沉积具有重要作用；维生素 E 对河蟹的生长率、成活率、蜕壳频率等有重要的影响。

河蟹各生长发育阶段营养需求见表 3-10。

表 3-10　河蟹各生长发育阶段营养需求（%）

不同发育阶段	粗蛋白质	粗脂肪	粗纤维	粗灰分	水分	Ca	P
溞状幼体	≥45	7～8	≤4	≤15	≤11	1.5～2.0	1.8～2.5
幼蟹期	≥42	6～7	≤5	≤16	≤11	1.5～2.0	1.8～2.5
养成前期	≥36	5～6	≤6	≤17	≤11	1.2～2.0	1.2～2.0
养成中期	≥28	3～4	≤7	≤17	≤11	1.2～2.0	1.0～1.8
养成后期	≥33	4～5	≤7	≤17	≤11	1.2～2.0	1.0～1.8

（二）饵料来源

河蟹饵料主要来源见图 3-55。

1. 天然饵料

凡是自然界中河蟹喜食的各种生物，统称为天然饵料，主要有浮游植物、浮游动物、水生植物、底栖动物等。

（1）浮游植物　包括硅藻、金藻、甲藻、裸藻、绿藻等，是早期幼蟹和浮游动物的饵料。

（2）浮游动物　包括轮虫、枝角类、桡足类等，早期幼蟹的适口饵料。

（3）水生植物　包括伊乐藻、苦草、轮叶黑藻、菹草、马来眼

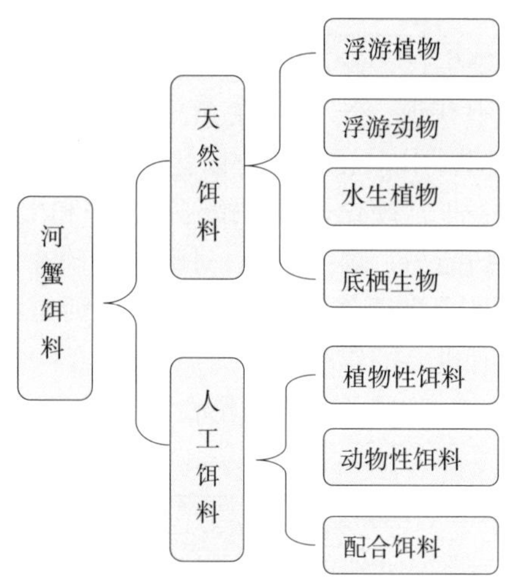

图 3-55 河蟹饵料主要来源

子菜、浮萍、水花生、金鱼藻等，是河蟹的主要天然饵料。

（4）底栖动物 水域中的螺、蚬、河蚌、水蚯蚓等是河蟹上等的天然动物性饵料。

2. 人工饵料

养殖河蟹仅靠天然饵料是不够的，须投喂人工饵料，其主要包括植物性饵料、动物性饵料、配合饵料等，以及来源于各种农副产品和人工培育的各种鲜活饵料。

（1）植物性饵料 又称能量饵料，主要指各种谷类和植物果实，主要营养成分为淀粉，为河蟹提供活动所需的能量。日常可供选择的植物性饵料有玉米、小麦、黄豆、南瓜、山芋、麦类、米糠、豆渣、酒糟、酱渣、花生饼等。

河蟹摄食螺蛳

（2）动物性饵料 又称精饵料，如小鱼、小虾、螺蛳、蚬子、河蚌、蚕蛹、黄粉虫、蚯蚓、小杂鱼、蝇蛆、畜禽内脏等以及高蛋白含量的配合饲料，主要为河蟹提供生命活动所需的蛋白质。

常见饵料的主要营养成分见表 3-11。

表 3-11 常见饵料的主要营养成分（%）

名称	水分	粗蛋白质	粗脂肪	粗纤维	无氮浸出物	灰分
苦草	92.92	0.85	0.22	1.08	2.99	1.94
水花生	87.30	3.05	0.33	1.08	5.02	3.33
鱼粉	12.70	36.10	2.30	—	2.30	46.60
骨肉粉	6.50	48.60	11.60	1.10	0.90	31.30
螺肉	80.40	1.40	3.80	—	1.50	
豆饼	9.40	43.02	5.42	5.76	—	钙 0.32、磷 0.50
花生饼	10.03	36～47	8.00	4.80	25.20	6.50
小麦麸	12.80	11.40	4.80	8.80	56.30	5.90

（3）配合饵料　是指根据河蟹的营养需求、所利用饵料的营养成分及消化利用率，按一定比例调配出的满足河蟹不同生长发育阶段营养需求和平衡的饲料。

①原料组成。常用于河蟹配合饵料的原料有鱼粉、肉骨粉、豆饼、麸皮、麦粉、草泥及添加剂等。

②常用的饲料添加剂。常用的饲料添加剂主要分为营养性添加剂和非营养性添加剂，营养性添加剂如补充钙质的石粉、蛋壳粉和贝壳粉，补充钙磷的骨粉，各种氨基酸和维生素添加剂；非营养性添加剂，如有为提高水中稳定性而使用的黏合剂，刺激河蟹食欲而使用的诱食剂，为防止油脂氧化使用的抗氧化剂，为保存饲料和防止霉变而添加的防霉剂等。几种常见配合饲料的配方见表 3-12。

表 3-12 几种常见配合饲料的配方

成蟹配方Ⅰ	鱼粉 10%、血粉 15%、饼类 30%、麦粉 10%、肉骨粉 8%、草粉 20%、其他 7%
成蟹配方Ⅱ	鱼粉 3%、豆饼粉 10%、菜籽饼粉 20%、麦粉 15%、玉米粉 51%、矿物质或骨粉 1%、维生素添加剂少量

（续）

成蟹配方Ⅲ	蚕蛹20%、大麦粉20%、菜籽饼30%、稻草粉10%、山芋粉20%
成蟹配方Ⅳ	鱼粉21%、豆饼粉16%、菜籽饼粉15%、玉米粉16%、麸皮18%、山芋粉10%、植物油3%、无机盐1%

（三）饵料投喂计划

1. 投喂量

（1）年投饵总量　根据放养蟹种数量、重量，所投饵料的种类、质量、饵料系数及计划产量确定，一般整个养殖期间每亩大概消耗颗粒饵料100千克，鲜鱼300千克或螺蚬800～1 500千克，青绿饲料100～200千克，另加部分植物性饵料。

（2）日投饵量　比较难具体量化，可结合前天吃食和天气情况，总体应在月投饵量范围内按养殖河蟹体重递增5%～10%投喂。

池塘养殖的投饵量计划参考见表3-13。

表3-13　池塘养殖的投饵量计划参考（%）

月份	2	3	4	5	6	7	8	9	10	11
月投饵量分配比例	1.6	3.2	8.5	9.6	12.5	16.2	16.8	18.6	8.8	4.2
日投饵量占蟹重	2	2.5	3	4.2	5.2	5.2	4.2	5.2	6.2	3.3

2. 饵料搭配

无论是蟹种培育还是成蟹养殖，饵料投喂都应遵循“荤素搭配，两头精中间粗”的原则（图3-56）。

（1）养殖前期　即3—6月，以投喂颗粒饵料和鲜鱼块、螺蚬为主，河蟹同时摄食池塘中自然生长的水草。

（2）养殖中期　即7—8月，正是高温天气，应减少动物性饵料投喂数量，增加水草、大小麦、玉米等植物性饵料的投喂量，防止河蟹过早性成熟和消化道疾病的发生。

（3）养殖后期　即8月下旬至11月，以动物性饵料和颗粒饵料为主，满足河蟹的后期生长和育肥所需，适当搭配少量的植物性饵料。

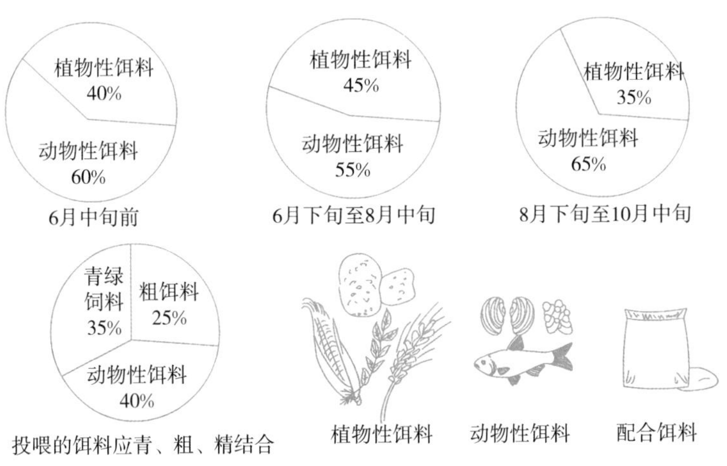

图3-56　池塘养殖成蟹的饵料搭配方法

（四）投喂方法

1. 定时

河蟹喜昼伏夜出，故一般选在16：00—17：00投喂饵料，驯养其吃食习惯，后逐渐改于6：00、16：00各投喂1次。河蟹的摄食强度也随季节、水温的变化而变化：在春夏两季水温15℃以上时，其摄食能力增强，适合每天投喂1～2次；水温15℃以下时，可隔日或数日投喂1次（图3-57）。

2. 定点

河蟹有一定的领地性，且活动半径有限，因此可让河蟹养成定点吃食的习惯，这样既可节省饲料，又方便观察河蟹吃食、活动等情况。上午投在水位较深的地方，傍晚投在水位较浅的地方，这样比较符合河蟹的活动规律。投饵点或饵料台应选在坡度较大、底质

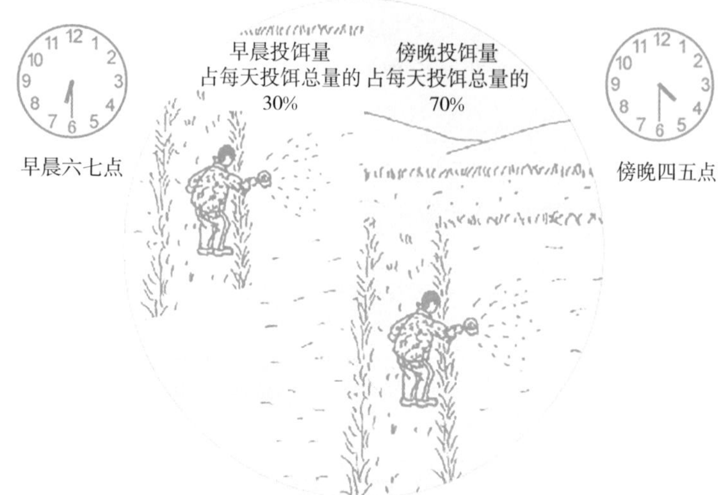

图 3-57　河蟹养殖中饵料投喂方法

较硬的地方，面积约 0.5 米²，在沿边浅水区定点呈"一"字形摊放，每间隔 20 厘米左右设一投饵点。

3. 定质

根据河蟹不同生长阶段的食性和营养需求，投喂相应的饵料。每一时期内，饵料搭配应相对较固定。投喂的各种动物性饵料要新鲜，不腐烂变质，且喂食不能单调，大块的和有壳的饵料要切碎、砸碎。为防止污染水体，最好少用粉状的，如米糠、血粉、麦麸等；选择能够煮熟的大麦粒、黄豆、玉米等，喂的各种原粮要充分浸泡、煮熟，以利于河蟹消化吸收。

4. 根据季节调整饵料结构

根据不同季节河蟹生长的营养需求特性，适时调整饵料结构。俗话说："7 月、8 月长壳，9 月、10 月长膘"，就是对不同季节河蟹生长特点最好的概括，相应的饵料结构须跟上（表 3-14）。

表 3-14 不同季节调整河蟹饵料结构参考

	早春 2—3 月	清明后	小满到白露期间	白露以后
生产特点	天气冷、水温低，河蟹摄食量低	水温逐渐上升	水温较高，河蟹活动量大，食量也大，生长速度快	河蟹逐步趋于性成熟，是上市前催熟育肥阶段
饵料调整	用高蛋白颗粒饵料或鲜活小杂鱼开食	以精饵料或颗粒饵料为主，适当搭配嫩水草，保持饵料的适口性和投饲均匀性	精饵料、粗饵料均衡搭配，用量为河蟹体重的 4%～7%。水温超过 37℃时，停止喂食	加大动物性饵料的投喂比例，以利于河蟹体内脂肪的积累和性腺的发育

5. 根据每天巡塘情况调整投喂策略

每天的投饵量要根据月、日投饵计划和河蟹吃食情况而定，具体做到“四看”，即“看季节、看天气、看水质、看河蟹活动情况”（图 3-58）。

看水质判断	
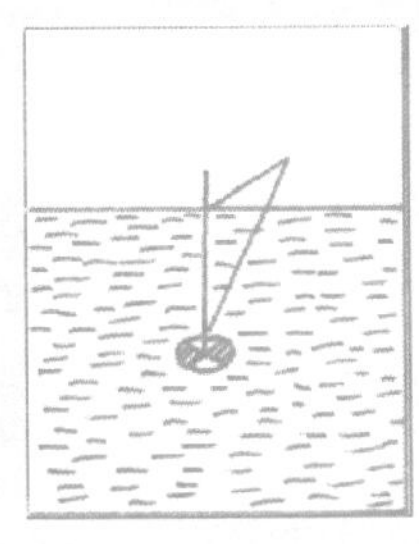 ①透明度小于 30 厘米时，说明池水过浓。当水质肥、浮游植物数量多时，应及时加注新水，减少投饵 ②出现“老水”时，停止喂食，并及时换水	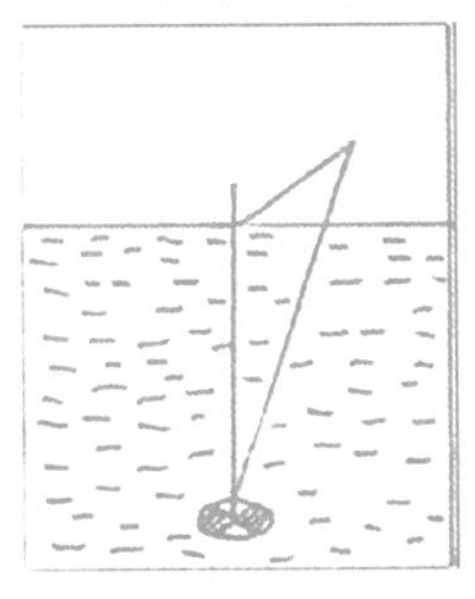 ①透明度大于 50 厘米时，可加大投饵量 ②出现“死水”时，应停止喂食，并及时换水

看天气判断		
		①天气晴朗，可适当多投饵料 ②阴雨天且气压低，天气闷热，有将要下雨的感觉时，应当少投饵料 ③有暴雨时，可不投饵料 ④雨后天晴，可适当多投些饵料

看河蟹活动判断	
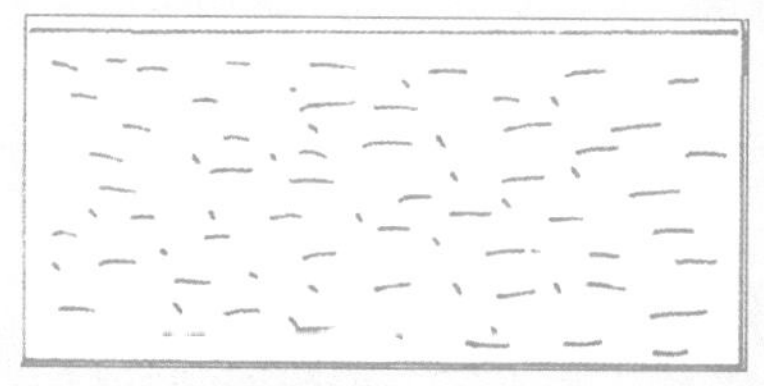	
①每天早晚巡查饵料台或食场（即投饵区），如果发现前1天傍晚投喂的饵料已吃完，河蟹活动正常，可适当增加投饵量 ②如果发现前1天傍晚投喂的饵料还没有吃完，应适当减少投饵量	①如果发现有病蟹或死蟹，除应调整投饵量，还应及时采取防治措施 ②如发现有蜕壳，应在蜕壳前后1～2天加大投喂动物性饵料，并在蜕壳时适量少投

图3-58 日常观察与投喂判断

四、水草栽种与养护技术

饵料投喂

俗话说“要想养好蟹，先得养好草”“蟹大小，看水草”。水草是关系河蟹养殖成败的关键因素之一。随着河蟹养殖多年的发展，生产实践中逐渐形成了关于水草的品种选择、种植、管理的一整套技术。

（一）养蟹常用水草

1. 水草对河蟹的重要性

（1）河蟹的天然饵料，重要的植物性饵料来源。

（2）净化水质，吸收水体中各种肥分，改善水质，增强光合作用，增加溶解氧。

（3）调节水温，冬天防风避寒，夏日遮阳降温。

（4）隐蔽作用，河蟹蜕壳时可攀附在水草上以固定身体，缩短蜕壳时间，减少体力消耗，又可在水草下躲避天敌的侵害。

（5）栖息环境得到改善，发病率降低，穴居减少，体色光亮，有效提高河蟹品质，卖相较好。

2. 养蟹常用水草

（1）伊乐藻　属水鳖科，生长旺季在长江以南分别在 4 月中旬至 6 月上旬，9 月下旬到 11 月上旬。水温 5℃以上，即可萌发生长；水温 22～28℃，生长最旺。伊乐藻具有鲜、嫩、脆的特点，是河蟹的优良天然饵料（图 3-59）。

图 3-59　伊乐藻

（2）轮叶黑藻　俗称温丝藻、灯笼薇、转转薇等，属水鳖科、黑藻属，单子叶多年生沉水植物，广泛分布于池塘、湖泊和沟渠中，每年 3 月底，当水温升至 10℃左右时，即可开始萌发新植株。其为雌雄异体，种子不易采集，故栽种以植株移植为主。喜高温、生长期长、适应性好、再生能力强，河蟹喜食，被河蟹夹断后能节节生根，生命力极强，也不会败坏水质，适合于光照充足的池塘及大水面播种或栽种（图 3-60）。

（3）苦草　俗称扁担草、鸭舌草，多年生沉水植物，生长期为每年的 4—12 月，生长于河流、湖泊中，具有蟹喜食、耐高温、很强的分裂再生能力、不坏水的优点。以匍匐茎在水底蔓延分蘖生长，秋后则形成圆形球茎越冬，翌年春季萌发成新株。其种子易采集、易保存运输，便于推广（图 3-61）。

图 3-60 轮叶黑藻

图 3-61 苦 草

（4）金鱼藻 多年生沉水植物，生长于池塘、湖泊、河流等各种水域。植株高度可随水位变化达 1.5 米以上，其茎叶为河蟹喜食。主要为无性繁殖，可由植物体断片脱离母体独立生活，长成新株。秋末由叶密集形成冬芽，9—10 月成熟的果实沉入水底，待翌年春季萌发新的植株。种子不易采集，故一般在池塘里以植株移植为主。金鱼藻具有耐高温、蟹喜食、再生能力强的优点，缺点是旺发易臭水（图 3-62）。

图 3-62　金鱼藻

（5）其他类水草　见表 3-15。

表 3-15　其他类水草生长习性

种类	俗称	生态类型	繁殖方式	生长期
聚草	穗花狐尾藻、大头瘟	多年生沉水植物	有性	4—10 月
马来眼子菜		多年生草本植物	有性	
黄丝草	微齿眼子菜	多年生沉水植物	有性、营养	6—10 月
菹草	节节菜	多年生沉水植物	营养	10 月至翌年 6 月

（续）

种类	俗称	生态类型	繁殖方式	生长期
芦苇		多年生挺水植物	有性	
菰		多年生挺水植物	有性	

（二）水草搭配套种方法

1. 总体思路

养蟹必须种好水草，并且水草分布要均匀，品种忌单一，沉水、挺水、漂浮性水草合理分布。推荐品种有苦草、轮叶黑藻、伊乐藻、浮萍、水花生等。

（1）搭配品种　2～3 个优势种，沉水植物与浮水植物相结合，一般以轮叶黑藻、伊乐藻、黄丝草为主，苦草、金鱼藻、水花生等为辅（表 3-16）。

（2）覆盖面积　前期总覆盖率保持在 20%左右，中后期维持在 50%～70%。挺水植物和浮水植物应控制在水面面积的 15%以内。

（3）总体布局　有规律地设置水草带或水草区，使水体留白形成“井”字形或“十”字形的无草区或水道，以便于鱼、蟹活动，方便自然增氧。

2. 主流搭配方法

（1）早春季节　2—4 月，以伊乐藻为主，覆盖率在 20%左右。围网内种植轮叶黑藻，防止嫩茎嫩芽被河蟹夹食。

（2）生长期　5—7 月，池塘类型以轮叶黑藻为主，覆盖率占 40%～50%；大水体以金鱼藻为主，覆盖率占 40%～50%。可适当利用毛竹或网片围设 50～80 厘米宽的设置水花生带，减少因高温季节其他水草死亡带来的不利影响（图 3-63）。

（3）中后期　8—10 月，以苦草为主，覆盖率占 20%。

（4）注意事项　高温季节来临前，如伊乐藻露出水面须将露出水面的“草头”割去，仅留根以上 10～20 厘米，高温季节慎动伊乐藻，以免加剧伊乐藻死亡而败坏水质。

表 3-16　不同养殖类型常用水草搭配方法

	池塘或稻田养殖类型	河沟或湖泊养殖类型
品种选择	主要搭配轮叶黑藻、伊乐藻、苦草 3 种	以金鱼藻或轮叶黑藻为主，以苦草、伊乐藻、黄丝草为辅
搭配方法	早春以伊乐藻为主，覆盖率 20%左右；分期分批种植苦草，错开生长期，覆盖率 20%～30%；轮叶黑藻作为池塘或稻田养蟹水草的主要品种，覆盖率为 40%～50%	金鱼藻、轮叶黑藻种植在浅水与深水交汇处，覆盖率 40%～50%；苦草种植在浅水处，覆盖率 10%左右；“光水塘”如想在当年培育成草型养殖水体，可在早期种植伊乐藻，覆盖率控制在 20%，在高温期到来前逐步淘汰
原则	不论哪种水草，都以不出水面、不影响风浪为好	

图 3-63　高温季节水草腐败用水花生补救

（三）4 种主要水草的栽种与养护

1. 轮叶黑藻的栽种与养护

河蟹喜食轮叶黑藻，为河蟹的中后期生长提供一个避暑、栖息、蜕壳和避敌的理想场所（表 3-17）。

表 3-17　轮叶黑藻种植方法

栽种方式	具体栽种方法	注意事项
枝尖插植繁殖	4—8 月，插植枝尖 3 天后就能生根，形成新的植株	属“假根尖”植物，只有须状不定根，4—8 月处于营养生长阶段
营养体移栽繁殖	谷雨前后，排干池水，留底泥 10～15 厘米，将轮叶黑藻植株修剪至每段为 15～20 厘米的茎枝，下端用黏性塘泥或湖泥包裹，按行株距 20 厘米×30 厘米，将包裹的茎枝沉入泥中，再将池塘水加至 15 厘米深	约 20 天后，新生的轮叶黑藻覆盖全池，此时调节水位至 30 厘米，以后逐步加深，不使水草露出水面为宜。移植初期应保持水质清新，不能干水，不宜使用化肥
整株移植	5—8 月，在天然水域中采集轮叶黑藻，株高 40～60 厘米，每亩蟹塘一次放草 100～200 千克，一部分被蟹直接摄食，一部分则根须着泥存活	白天水深，晚间水浅，减少河蟹食草量，促进须根生成
芽苞种植	冬季与伊乐藻同时进行。按行株距 50 厘米×50 厘米，每穴 3～5 粒芽苞插入泥中。每亩用芽苞 1 千克	翌年 4 月可长到 15 厘米，5 月可长到 50 厘米以上

2. 伊乐藻的栽种与养护

（1）时间选择　伊乐藻喜冷水，对水温有一定要求，因此种植栽培时间一般选在 12 月至翌年 1 月底，秋冬或早春水温 5℃以上。

（2）栽种方法　精养池塘在栽植前排掉大部分池水，池底留水 10～15 厘米深，池塘消毒后即可进行移栽、根茎扦插。在种植过程中，要留出 5～8 米的空白带，使池塘中形成“井”字形或“十”字形的无草区，便于鱼、蟹活动，也可防止伊乐藻在 5 月后封塘而导致水体底部缺氧。对于环沟型蟹塘，伊乐藻最好分批栽，第 1 批于蟹种放养前栽于环沟内；第 2 批于河蟹第 2 次蜕壳前移植环沟内部分伊乐藻，栽于环沟两侧滩面；第 3 批于 5 月再从第 2 批伊乐藻中移部分栽于围网内，此法有利于高温季节伊乐藻的生长养护。

(3) 日常养护　伊乐藻成活后，随伊乐藻的生长逐渐加深水位，以浸没伊乐藻 10 厘米为度。5 月中下旬开始根据长势及时割草头，割草头应分片交替割，留泥上 30～40 厘米长，并根据河蟹计划上市时间，视伊乐藻生长情况及时打捞稀疏。伊乐藻不能过于密集，应呈团簇状，不连片、不封行。如草头挂脏，可将黄腐酸钾、腐殖酸钠、EM 菌合用，直接泼洒在草头上。

3. 苦草的栽种与管理

(1) 栽种方法

①撒播。秋季收集成熟的苦草种子，筛选保存，至翌年清明前后水温回升至 15℃以上时撒播，每亩 100～150 克苦草籽。在撒种前向池中加新水 3～5 厘米，保持水深不超过 20 厘米，6 月中下旬即可长至足够的密度。

②植株移植。选择采集好的苦草苗株，用黏性塘泥将苗株的根部包裹成一团，然后按株间距 30 厘米×30 厘米，直接抛入选择好的水域或直接人工插栽。

③球茎播种。将球茎逐个包裹上塘泥，按 30 厘米×30 厘米的株间距点播，沉入选择好的水域，使之萌发植株。

(2) 日常养护　夏季苦草在水底蔓延的速度很快，需适当调节水位以抑制叶片过度营养生长，以免苦草密度过高、管理不当而败坏水质。

①水位调节。播种前期池塘水位应控制在 20 厘米；6 月下旬水位加至 30 厘米左右，此时苦草已基本满塘；7 月中旬水深加至 60～80 厘米；8 月初可加至 100～120 厘米。

②加强饲料投喂。水温达到 10℃以上时需开始投喂一些配合饵料或动物性饵料，防止苦草芽遭到河蟹吃食而被破坏。当高温期到来时，应逐步将动物性饵料的比例降至日投喂量的 30%左右，既可保证河蟹的正常营养需求，也可防止水草过早遭到破坏。

③设置暂养围网。适合在大水面中使用。将苦草种植区用围网

拦起，待水草在池底的覆盖率达到60%以上时，拆除围网。同时，加强饲料的投喂。6月中旬前，用网片隔开种草区，以防过早被摄食，种草水体内不能有草食性鱼类。

④勤除杂草。每天巡塘时发现水面上浮有被夹断的水草，须及时捞走，以防止其腐烂败坏水质。

4. 金鱼藻的栽种与管理

（1）栽种方法　见表3-18。

表3-18　金鱼藻的栽种方法

方式	时间	栽种方法	备注说明
全株移栽	10月以后	从湖泊或河沟中捞取全草进行移栽，每亩50～100千克	该季节没有河蟹的破坏，基本不需要专门的保护
	5月	捞新长的金鱼藻植株，固定的围网小区移栽，围网面积10～20米²/个，2～4个/亩，种草量100～200千克/亩	待水草长成后，即可移除围网
培草投喂	10月以后均可	在河沟一角设立金鱼藻培育区，每亩用量50～100千克，翌年4—5月就可获得大量可用于投喂的金鱼藻（每亩收获鲜草5 000千克左右，可供1.67～3.3公顷水面用草）	培育区内不放养任何草食性鱼类和河蟹

（2）日常养护管理

①水位调节。金鱼藻适宜栽种在深水与浅水交汇处，水深1.5米左右为好，不超过2米。②水质调节。水质混浊则不利于水草生长，可先用生石灰调节，然后种草。③清除杂草。如池塘中有大量水花生、菹草时，应及时清除，以防影响金鱼藻等河蟹喜食水草的生长。④注意事项。金鱼藻再生能力强，易大面积生长，死亡腐败后易恶化水质，故不适宜在小型池塘中栽种，湖泊或面积2公顷以上的池塘适宜栽种。

五、底质改良技术

经过几个养殖周期后，池底残留了大量的饲料、排泄物及其他有机物，形成很厚的淤泥层，不但滋生大量病菌，还易腐败产生亚硝酸盐、硫化氢、氨气等有害物质。由于河蟹是底栖生活的动物，池塘底质的状况与河蟹的正常生长有较密切的关系，底部环境的恶化和底质污染是河蟹发病的主要原因之一，因此应特别注意池塘底质的环境调控与改善。

（一）清淤晒塘

1. 清淤

一般 2～3 年须利用冬季清淤 1 次，清除过多淤泥，留淤 3～5 厘米厚即可（用于栽培水草）。一般采用挖掘机清淤、整理蟹沟，多余淤泥用作护埂。每年使用 150 千克/亩生石灰化水趁热全池泼洒，以改善底质。或用漂白粉兑水全池泼洒清塘，新塘口 75～100 千克/亩，老塘口 50 千克/亩，10 天后排干池水晒塘。

2. 晒塘

清淤整理后的池塘，利用冬季养殖空闲期让底层土壤休养生息，有条件的适当翻耕表层土壤，充分冻土、暴晒 15 天以上，使底质疏松，利用空气中的氧气分解有机物，使其转化成浮游生物能直接利用的无机盐（图 3-64）。

图 3-64　晒塘翻耕

河蟹养殖期间应尽量减少残饵沉底，保持池塘底质干净清洁，如有条件可定期使用底质改良剂（如投放过氧化钙、沸石等，也可投放光合细菌、活菌制剂等），具体使用量可参照产品使用说明书。养殖池塘也可在晴天采取机械法搅动池塘底质，每2周1次，以充分促进池塘底泥有机物氧化分解。

（二）日常底质改良方法

1. 培养好基础饵料生物

降解养殖中残留的排泄物、残饵等有机物需要消耗大量的溶解氧。而浮游植物光合作用产生的氧气是池塘中氧气的主要来源，由于大气的扩散作用留在池塘的溶解氧较少。因此，在苗种放养前早春季节，重视培养基础饵料生物，保持良好的水色和透明度是稳定蟹池生态环境的核心，也是改良底质的有效方法之一。

2. 使用有益微生物制剂

使用有益微生物制剂对改良河蟹的池塘底质具有明显的效果，生产中使用的有益细菌包括乳酸菌、双歧杆菌、芽孢杆菌、酵母菌、硝化细菌、反硝化细菌和光合细菌等。

3. 吸污排污

为了方便吸污，有条件的在建河蟹养殖池塘时应有意识地将池底造成锅形，以便在开增氧机后，使污物都聚集在池底，方便吸污。

4. 化学类底质改良产品

主要成分为沸石粉、包被过氧化氢、硫代硫酸钠、腐殖酸钠等，结合具体产品及使用说明，可有效改善池塘底部环境。

5. 增氧机与增氧剂

勤开增氧机，应急时配合使用增氧剂，它对改良底质也有良好的作用。增氧剂能快速沉降到底部，有效地释放出分子态的活性氧，提高水体含氧量，同时有一定的杀菌作用。

河蟹养殖中底质调节见图3-65。

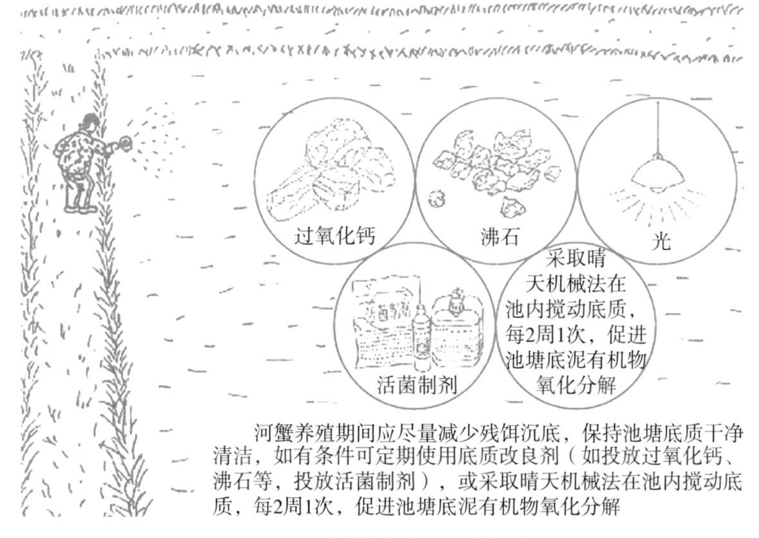

图 3-65　河蟹养殖中底质调节

六、蟹塘套养技术

蟹塘是一个复杂的生态系统，水面以上有阳光和空气；塘基上有陆生植物；水中有鱼、虾、蟹，各种水生植物、昆虫、蚤类、藻类、细菌、病毒以及有机物和无机盐；池底有淤泥，同样也存在着上述生物及有机物和无机盐。它们之间存在着相养、相帮、相生、相克等极其复杂的关系。科技工作者和广大蟹农经过多年的不断探索和积累，形成了比较完善且成熟的一些典型养蟹模式，也取得了一定的经济效益、生态效益和社会效益。但随着全国各地河蟹养殖业的迅猛发展，河蟹市场变幻莫测，往往出现供过于求、价格低迷等情况，影响养殖者的养蟹效益。为了探索新的养殖方式，寻找提高养殖效益的空间，必须对传统的养殖模式、混养品种、管理经验进行改装、重组和创新，除单纯养蟹外，寻找其他能与河蟹混养的品种，利用不同种群的生态位进行合理搭配，建立新的复合群体，从而达到使系统各组成部分之间的结构与机能更加协调，系统的能量流动、物质循环更趋合理，系统生产力和综合效益明显提高的目的，促进河蟹养殖业的持续、健康、稳定发展，避免“蟹贱伤蟹”、大起大落事件的发生。

（一）套养原则

1. 避免竞争性品种

遵循和运用生物学准则，不适宜选择与河蟹食性相近或相同的品种。如草食性的草鱼、团头鲂以水草为饵，而水草是河蟹栖息隐蔽的场所，也是河蟹食谱中不可缺少的植物性饵料；又如鲤和青鱼都摄食螺蛳等底栖生物，与河蟹的饵料竞争十分激烈，如果蟹塘中套养了鲤和青鱼，对河蟹生长极为不利，不仅对食物的竞争程度加大，还会出现蚕食软壳蟹的现象，所以根据食物链关系，蟹塘中不宜套养草鱼、团头鲂、鲤和青鱼。

2. 选择环境友好型品种

选择套养的其他品种和数量，既能充分利用水体的生物循环，又能保持生态系统的动态平衡，如套养滤食性鱼类（鲢、鳙等），腐屑食物链鱼类（细鳞斜颌鲴），可清除池中青苔和有机碎屑，防止水质过肥，但由于蟹池水草多，池水较清瘦，故混养数量不宜多。

3. 选择高经济价值品种

遵循和运用经济学准则，在与河蟹食性相同或相似的养殖种类中选择养成后其经济价值高的品种，如套养小龙虾、青虾或小型肉食性的鳜、黄颡鱼、塘鳢等技术均比较成熟。又如鳖价格很高，但鳖十分凶猛，河蟹蜕壳后的软壳蟹正好是鳖的最佳饵料，所以鳖是养蟹池的敌害生物，不宜混养。

（二）主要套养品种

1. 虾类

（1）青虾　又名日本沼虾、河虾等，是我国和日本特有的淡水虾类。青虾在我国分布很广，广泛生活在淡水湖泊、河流、池塘、水库等水域中，尤其喜生活在水质清新、水草丛生的缓流区。青虾的食性很广，属杂食性水生动物。养蟹池套养青虾与主养对象没有矛盾，其苗种容易获得，繁殖力强，自繁的幼虾是河蟹的活饵料。但青虾性成熟过早，在生长季节，长江流域的青虾一个半月左右即性成熟，生长转慢，商品规格小。另外，青虾在蟹池中活动范围小，极易近亲繁殖，所以蟹池套养的青虾苗种必须有专门的制种供应。

（2）小龙虾　又名克氏原螯虾。小龙虾适应性广，繁殖力强，食性杂，无论在江河、湖泊、池塘及水田都能生活。小龙虾生长速度较快，春季繁殖的虾苗，一般经 2～3 个月的饲养，就可达到规格为 8 厘米以上的商品虾。小龙虾也是通过蜕壳实现生长的，幼虾一般 3～5 天蜕壳 1 次，以后逐步延长蜕壳间隔时间到 30 天左右，如果水温高、食物充足，则蜕壳时间间隔短。小龙虾与河蟹是食性与习性相近的品种，但上市销售时间不同，套养比例主要依据市场价格而定。

（3）南美白对虾　南美白对虾原产地在太平洋西海岸至墨西哥湾中部，属热带虾种，最适生长温度为 22～32℃，18℃以下其摄食量明显下降，15℃以下停止摄食，9℃以下出现死亡。南美白对虾属杂食性，但偏动物性，对饵料的营养要求低，饵料粗蛋白质含量 25%～30%就可满足其要求。南美白对虾幼体阶段 30～40 小时蜕壳 1 次，1～5 克虾 4～6 天蜕壳 1 次，中、大虾一般 15～20 天蜕壳 1 次。

（4）罗氏沼虾　又称马来西亚大虾，其活动的强弱与外界水温的变化有直接关系，当水温下降到 18℃时活动减弱，16～17℃时反应迟钝，14℃以下持续一定时间就会死亡。罗氏沼虾属杂食性动物，在人工养殖条件下，其食物组成主要是人工投喂的商品饵料。

2. 肉食性鱼类

（1）鳜　俗称桂鱼、季花鱼等。喜欢栖息于清洁、透明度较好、有微流水的环境中，广泛分布在江河、湖泊、水库中。鳜为典型的肉食性鱼类，终生摄食活饵料。鳜的人工早繁苗当年即可养成500克以上的商品鱼。蟹塘套养鳜要求鱼种规格达到6厘米以上，最好是7～10厘米，在6月上旬前套入蟹塘，一般每亩放10～20尾，如能补充投放鲜活小杂鱼或家鱼苗种等适口饵料，放养量可增加至每亩30尾以上。

（2）黄颡鱼　俗称黄刺鱼等。广泛分布于长江、黄河、珠江及黑龙江各水域。黄颡鱼营底栖生活，白天栖息于底层，夜间则游到水上层觅食。黄颡鱼是以肉食性为主的杂食性鱼类，食物包括小鱼、小虾、各种陆生和水生昆虫、小型软体动物和其他水生无脊椎动物。黄颡鱼生长速度较慢，常见个体重200～300克。蟹塘套养黄颡鱼一般在2—3月投放苗种，每亩放8厘米左右的鱼种250～300尾，粗养蟹池也可套放黄颡鱼亲本，让其自然繁殖鱼苗。

（3）塘鳢　俗称虎头鲨、蒲鱼等。为小型肉食性鱼类，喜食小鱼小虾，人工饲养投喂轧碎的螺蛳、蚌肉也喜食，也食水生昆虫。我国南北方均有分布，长江中下游及其附属水域中较常见。2厘米左右的塘鳢鱼苗当年可长到20克以上，翌年可长到50～100克。蟹池套养塘鳢最好选择规格3～5厘米的大规格鱼种，每亩放养200尾左右。可在蟹池水草保护区每亩投放体型匀称、体质健壮、鳞片完整、无病无伤的塘鳢亲本10组（雌雄比为1∶3），亲本规格尾重雄性70克、雌性50克以上。繁殖季节在水草中放入人工鱼巢，让其自然繁殖鱼苗养成商品鱼。

（4）翘嘴红鲌　俗称白条、太湖白鱼等。分布在长江水系及附属湖泊水库等大水体中。翘嘴红鲌主要以鱼类为食，稚鱼主要以藻类、水生昆虫等为食，随着个体的长大，以中上层小型鱼类为主要饵料，如麦穗鱼、梅鲚、鳊、罗汉鱼等鱼类。翘嘴红鲌生长迅速，体型较大，最大可长至10～15千克，常见个体为0.5～1.5千克。10厘米左右的鱼种当年能长成0.5千克以上的商品鱼。蟹池套养翘嘴红鲌要求鱼种规格达到10厘米以上，可在蟹种放养后即套入蟹池，每亩放养量控制在30尾左右，如能补充投喂鱼块或冰鲜小杂鱼，放养量可适当增加。

（5）黄鳝　又名鳝、长鱼等。广泛分布于亚洲东部及南部。黄鳝为穴居性鱼类，对环境的适应力较强，多栖于静水湖泊、河沟、稻田和池塘的浅水区。黄鳝是一种以动物性食物为主的杂食性鱼类，喜食活饵，性贪食，耐饥。黄鳝的生长与栖息水域的饵料、温度有密切关系，水温 10℃以上开始觅食，18～30℃为适宜摄食温度。黄鳝雌雄异体，但有奇特的性逆转现象。在蟹池中套养黄鳝，适宜网箱养殖。

3. 其他鱼类

（1）细鳞斜颌鲴　俗称鲴、黄尾刁子等，是广泛分布于江河、水库、湖泊中的中下层经济鱼类。细鳞斜颌鲴的幼鱼主要摄食轮虫等浮游动物，此后逐步转变为以摄食浮游植物（蓝藻、绿藻占 90%）和腐殖质为主，成鱼阶段以水底着生藻类和植物碎屑为主要食物。在自然水域中，当年的细鳞斜颌鲴鱼苗可长到 150～200 克，翌年就能长到 0.5 千克左右。蟹池套养细鳞斜颌鲴可控制青苔（丝状藻类）和蓝藻、绿藻暴发，一般每亩放养 10～15 厘米的鱼种 100～200 尾。

（2）鲻　俗称乌头鲻、青鲻等。主要分布在沿海水域，通过淡化处理可适应纯淡水生长，是一种广盐性洄游性鱼类。鲻为杂食性鱼类，以底栖硅藻和有机碎屑为主，也兼食一些小型水生动物。一般情况下，鲻当年可以长到 250 克，两年可长达 500 克，三年可达 1 000 克以上。蟹池套养每亩放养 3～5 厘米的鱼苗 100～200 尾，当年可长到 400～500 克。

（3）泥鳅　俗称鳅鱼，在我国的分布很广。泥鳅属典型杂食性鱼类，幼鱼时以水生昆虫、小型甲壳类、水蚯蚓等动物性饵料为食；成鱼时喜食植物性食物，如水生植物种子、嫩芽、藻类，以及淤泥中的腐殖质等。泥鳅适宜生长在光线较差的淤泥中，最适生长温度为 22～28℃，水温在 6℃以下或 34℃以上时，就潜入泥中停止活动。泥鳅具有肠呼吸功能，能在溶解氧为 0.16 毫克/升的水中生活。

（4）匙吻鲟　也称匙吻猫鱼，是北美洲的一种名贵大型淡水经济鱼类。匙吻鲟是广温性鱼类，它不怕低温，即使水面结冰，只要水中有充足的溶解氧，也能在冰下水中生活。匙吻鲟也能耐高温，能在32℃的水中生存。匙吻鲟食性类似鳙，主要食料是水中浮游动物，它也能摄食丝蚯蚓和人工配合饲料。匙吻鲟生长速度比一般的淡水鱼快，当年可长至0.5千克以上，2龄鱼超过1.5千克，3龄鱼超过2.5千克。

（5）异育银鲫　是以方正银鲫为母本、兴国红鲤为父本，应用“异精雌核发育效应”而获得的子代。异育银鲫食性广，能摄食蟹池中硅藻、枝角类、底栖动物、植物茎叶和种子及有机碎屑等，在蟹池中套养可自然繁殖。

（6）鲢、鳙　鲢属于典型的滤食性鱼类，以浮游生物为食，在鱼苗阶段主要吃浮游动物，长至1.5厘米以上时逐渐转为吃浮游植物；鳙以浮游动物为食。鲢、鳙都具有生长快，疾病少，在蟹池中套养不需要专门投喂饲料的优点。蟹池基本均有套养，对改善池塘水质、调控浮游生物有重要作用。

（三）主流套养模式介绍

具体放养品种、时间、规格、数量等可参考表3-19。

表3-19　品种、时间、规格、每亩数量

<table>
<tr><th rowspan="2">品种</th><th colspan="3">放养</th><th colspan="2">收获</th><th rowspan="2">备注</th></tr>
<tr><th>时间</th><th>规格</th><th>数量</th><th>规格</th><th>重量</th></tr>
<tr><td rowspan="2">青虾</td><td>2月</td><td>2～3厘米/尾</td><td>5千克</td><td rowspan="2">5～6厘米/尾</td><td rowspan="2">30千克</td><td rowspan="2"></td></tr>
<tr><td>6月</td><td>0.7～1厘米/尾</td><td>6万尾</td></tr>
<tr><td rowspan="2">小龙虾</td><td>9月</td><td>30尾/千克</td><td>10～15千克</td><td rowspan="2">20～40尾/千克</td><td rowspan="2">150千克</td><td rowspan="2">雌：雄=1.5：1</td></tr>
<tr><td>3月</td><td>200～400尾/千克</td><td>15～20千克</td></tr>
<tr><td>南美白对虾</td><td>6月</td><td>1.0～1.2厘米/尾</td><td>2万～3万尾</td><td>15克/尾</td><td>150千克</td><td></td></tr>
<tr><td>罗氏沼虾</td><td>6月</td><td>1.0～1.2厘米/尾</td><td>2万～4万尾</td><td>20克/尾</td><td>200千克</td><td></td></tr>
<tr><td>鳜</td><td>6月</td><td>3～9厘米/尾</td><td>15～20尾</td><td>550克/尾</td><td>10千克</td><td></td></tr>
<tr><td>黄颡鱼</td><td>3月</td><td>8～12厘米/尾</td><td>300尾</td><td>100克/尾</td><td>25千克</td><td></td></tr>
</table>

（续）

品种	放养			收获		备注
	时间	规格	数量	规格	重量	
塘鳢	5月	3厘米/尾	300尾	50克/尾	15千克	
翘嘴红鲌	3月	10～13厘米/尾	80～100尾	500克/尾	50千克	
黄鳝	3月	100克/尾	1千克/米^2	250克/尾		网箱养殖
细鳞斜颌鲴	3月	12厘米/尾	200尾	300克/尾	50千克	
鳊	3月	3～5厘米/尾	100～200尾	400～500克/尾		
泥鳅	4月	3～5厘米/尾	600尾	25～50克/尾	25千克	
匙吻鲟	3月	18厘米/尾	20～30尾	750克/尾	20千克	
异育银鲫	3月	12厘米/尾	100尾	300克/尾	30千克	
鲢	3月	150克/尾	5～10尾	2 500克/尾	30千克	
鳙	3月	250克/尾	15～20尾	1 500克/尾		

第六节　病害综合防治技术

一、河蟹病害产生的原因

河蟹病害发生与否，主要是由环境因素、病原体以及河蟹体质等因素决定的，三者是相互制衡的关系。以下将从这3个方面阐述病害产生的原因。

（一）环境因素

1. 水体环境

（1）水温　河蟹体温随着养殖水体温度变化而变化。如果水温急剧变化，河蟹不易适应，便会发生应激及病理变化，导致抵抗力下降，乃至死亡。在成蟹养殖过程中，水体适宜温度不宜超过30℃。

（2）水质　常用的水质指标包括溶解氧、pH、氨氮、透明度等。养殖水体溶解氧的高低直接影响河蟹的生长，高溶解氧能够提高蜕壳成功率，减少蜕壳不遂，提高体重增长率。同时，溶解氧对水草生长也有促进作用，缺氧时水草的生长会受到抑制。生产中不少精养池塘水质差，无自然新鲜水源补充，加上平时大量投饵，水质偏酸，溶解氧量低，造成水质恶化，大量有害细菌及原生动物滋长，该类型塘口河蟹蜕壳时死亡率普遍较高，易发病。

（3）底质　池塘底质不仅作为养殖用保水池，各种化学物质的储存库，还是植物、动物和微生物的栖息地以及营养物质再循环中心。一定厚度的淤泥层能起到供肥、保肥及调节和缓冲池塘水质的作用。然而淤泥过厚除了使水产动物的生存空间变小外，还积累了大量有机物，分解时大量消耗氧气，导致水体下层长期缺氧，氨氮、甲烷、硫化氢等浓度过高，水质恶化，酸性增加，病菌大量繁殖。生产实践已证明，干塘清淤，晒塘消毒，可大大降低病害发生。

2. 人为因素

（1）放养密度　在每一个水产养殖生态系统，适当加大蟹苗投放量可以提高产量，但产量也不是随着苗种投放量的增加而呈直线增加的。盲目加大放养密度，易造成规格、回捕率、效益“三降低”，成本、死亡率、水质恶化“三变高”。多年的实践经验表明，不同的养殖系统和模式，适宜放养密度不同。总体而言，每亩放养800～2 000只蟹种为宜。

（2）饲养管理　为蟹苗提供饲料可以进一步提高产量，在池塘溶解氧充足的情况下，产量随着饲料投入量的增加而增加。但是，一旦饲料投入量超过池塘的载氧量，不仅不能提高产量，还随时可能出现因缺氧而引起的病害、死亡。

（3）机械损伤　运输、捕捞等可造成河蟹机械损伤，引发细菌、真菌、寄生虫等感染。

3. 生物因素

引起河蟹病害的生物因素主要有病毒、细菌、寄生虫、藻类等。此外，还有河蟹的敌害生物，如水蛇、鼠、鸟、青苔等。

（二）病原体

1. 病原体种类

据初步统计，目前危害水产养殖生物的病害已达400～500种，病害生物包括侵袭生物和敌害生物。侵袭生物有病毒、原核生物（包括立克次氏体、支原体、衣原体、细菌）、真菌、藻类、原生动物、后生动物（包括吸虫、绦虫、线虫、棘头虫、蛭、软体动物、甲壳动物）；敌害生物有藻类、腔肠动物、软体动物、甲壳动物、昆虫、鱼类、两栖类、爬行类、鸟类、哺乳类等。而大多数水产养殖生物的病害是由病毒、原核生物、真菌和原生动物所引起的。

2. 淡水蟹类常见病害

我国甲壳类养殖品种包括对虾、新对虾、罗氏沼虾、梭子蟹、锯缘青蟹、河蟹等10余种，各类病害达100余种。河蟹病毒性疾病有白斑综合征、河蟹颤抖病、蟹类疱疹病毒病等。原核生物性疾病有肝胰腺坏死病、腹水病、黑鳃病、甲壳溃疡病、烂鳃病、螺原体病等。寄生虫性疾病包括固着类纤毛虫病、微孢子虫病等。

3. 病原体致病的原因

水产养殖上的病原体大多是水环境中常在的微生物。病原体致病与否取决于病原体的数量，只有当水体中病原体的数量达到一定指标时，才会致病，即水生动物病原体大多为条件致病，病原体的毒力也有强弱之分。

（三）河蟹体质

1. 体质因素引起发病的原因

病原体进入养殖水体后，缺少易感的水产动物。则疾病仍然不会发生，所以易感水产动物和抗病力差的水产动物是疾病发生的必要条件。

2. 增强河蟹体质

在保证生长必需营养物质的同时，可在投喂饲料中适当添加免疫增强剂、维生素 C 等，以增强河蟹的抵抗力，减少病害的发生。

二、河蟹病害综合防治策略

（一）生态预防

1. 预防思路

河蟹作为冷血水生动物，发病是一个渐进的过程，一般被发现时往往已经较严重。水生动物一般不好给药，治疗都是针对群体而无法针对个体的，所用药物对健康个体生长及环境均有不利影响。因此，河蟹疾病防治应以生态预防为主，防重于治。

2. 生态预防措施

（1）做好清塘消毒　河蟹养殖池塘一般混有野杂鱼虾及各种生物，如病毒、细菌、原生动物、蚌、青泥苔、水生昆虫等，它们有些本身能引起河蟹生病，有些则是病原体的传播媒介，有些还会直接伤害养殖鱼类。药物清塘能起到消灭病原的作用，是预防病害的重要措施。通过池塘清塘消毒可大大改良养殖环境，使养殖水体环境有利于河蟹生长，有利于有益微生物菌群的繁殖，从而抑制病原体的增殖。常用的药物有生石灰、漂白粉等（图 3-66）。

（2）科学投喂　河蟹饵料的投喂是养蟹成败的关键措施之一。整体注重“荤素搭配、来源自然、各生长阶段合理布局”，具体参考成蟹养殖章节相关内容。在河蟹疾病高发期或水温超过 18℃以后，可在河蟹饵料中添加免疫促进剂进行预防，如 β-葡聚糖、壳聚糖、人参皂苷及多种维生素等，每 15 天投喂 1 个疗程，1 个疗程4～5 天。对于发病池塘可以采用口服投喂抗病毒和抗细菌的中草药进行综合治疗。

（3）营造良好的水生环境　河蟹塘口栽植水草可为河蟹提供天

图 3-66　全池泼洒生石灰

然饵料和栖息隐蔽场所，同时还能起到净化水质、遮阳降温等作用。整体原则：注重河蟹生长绿色环境的营造，水草以沉水植物和挺水植物为主，漂浮植物为辅，以达到互补作用。沉水植物的主要品种有轮叶黑藻、苦草、伊乐藻等；挺水植物的主要品种有蒲草、芦苇、茭白等；漂浮植物的主要品种有荇菜、莼菜、菱角、水花生、空心菜、浮萍等。蟹池深水区以栽植沉水植物和漂浮植物为宜，浅水区以栽植挺水植物为佳。

（4）调好蟹池水质　河蟹养殖的水质管理很重要，要从多方面着手，采取综合措施管理好养殖水域的环境，为河蟹生长创造良好的生存环境，消除有害病菌的滋生场所，降低虾蟹发病率，实施健康、生态养殖。水质管理涉及饵料投喂、水产养护、养殖管理等，是一个系统工程，可利用水生植物、生石灰、底改等综合调控和改善养殖水体的生态环境。

（二）科学合理用药

1. 科学用药原则

健康养殖不等于不用药。水域环境，尤其是集约化养殖环境是病原体滋生的场所，河蟹无时无刻不受着病原体的侵袭，我们提倡健康养殖，除了改善养殖环境外，合理、安全地用药也是一个重要方面。但要安全用药，就要从药物、病原、环境、河蟹本身和人类健康等方面考虑，有目的、有计划地使用药物。渔药使用必须严格按照国务院、农业农村部有关规定，严禁使用未取得生产许可证、批准文号的渔药；禁止使用硝酸亚汞、孔雀石绿、五氯酚钠和氯霉素等。外用泼洒药及内服药具体用法及用量应符合水产行业标准《无公害食品　渔用药物使用准则》的规定。

2. 认识河蟹疾病及特征，对症用药

目前已发现的河蟹疾病有数十种，致病体有病毒、细菌、真菌和寄生虫等。绝没有一种药物能治疗所有的河蟹疾病。在预防和治疗河蟹疾病时，对症下药才会取得较好的治疗效果。

3. 了解药物的特点，合理用药

每一种药物都有一定的理化性状，对病原体和水产动物均有一定的作用。同时，据研究，各种水产动物对外用药的反应也存在着区别，如对强酸、强碱和盐类耐受性的强弱差异，对内服药物吸收性的差异等。因此，根据其毒理、药理与药物之间的相互作用，选择合理的配伍、剂量，以及辅以助溶剂、增效剂等措施是发挥药物疗效的重要保证。

4. 保证河蟹的品质和良好的栖息生态环境，控制用药

任何药物（包括部分营养类药物）都有副作用，有的外用药物还可造成环境极度恶化与河蟹品质严重下降。因此，控制药物的使用浓度与用药的次数以及采取养殖池外消毒等方法，使河蟹处于良好的生态环境，也是防治河蟹疾病的一种重要方法。

5. 坚持以防为主的方针，有效用药

一般来说，河蟹的抗病力较强，由于长期栖息于水中，若不是患严重疾病，均难被发现；另一方面，河蟹有坚韧的甲壳，药物渗透作用较差，因此用外用药物治病效果较差；而患病时又会拒食，内服药物也难发挥作用，所以积极预防才是有效的途径。

三、常见河蟹病症识别与防治

（一）肝胰腺坏死症

1. 症状

2015年开始，江苏省多个河蟹养殖主产区陆续发生严重病害，造成严重的经济损失，由于患病河蟹表现为肝胰腺坏死、逐渐发白，因此称为“肝胰腺坏死症”。丁正峰（2018）研究揭示了河蟹微孢子虫与肝胰腺坏死症暴发密切相关。被微孢子虫感染的河蟹肝胰腺由正常状态下的金黄色逐渐转变为灰白色，活力减退，在出现降温、运输等较大应激时大范围死亡。该病原于2007年由王文教授通过电镜观察发现，并对其形态、病理分析、流行病学等进行了研究。2011年由Stentiford教授命名。

2. 诊断

除剥开外壳，通过肉眼观察肝胰腺颜色和形状判别，还可通过分子生物学手段辅助识别。可在患病河蟹肝胰腺的上皮细胞内观察到由微孢子虫感染引起的细胞变化相关的棕色至黑色沉淀，即为原位杂交的阳性信号。

3. 防治

河蟹肝胰腺坏死症是新发病，目前尚未有特效药，广大渔民普遍采用溴氯海因、二溴海因、二氧化氯、三氯乙氰尿酸盐类消毒杀菌药外泼。生产实践表明，适当提高饲料中营养蛋白含量，提高水质和水流流动性，少用各类外源性药物有助于降低河蟹肝胰腺坏死症的发病率。

（二）河蟹颤抖病

1. 症状

患病蟹初期肢体无力，不食，后期附肢环爪（图3-67）并颤抖，所以被称为河蟹“颤抖病”。该病于2008年已经被农业部列为水生动物三类疫病。该病病原为螺原体，无细胞壁（对破坏细胞壁类抗生素无效）、具有运动性，体积很小（图 3-68）（球形体时 100～200 纳米），可以滤过 220 纳米孔径滤膜，且主要是胞内寄生，因此在防治上存在诸多困难。

图 3-67　患颤抖病的河蟹，示其环爪形态

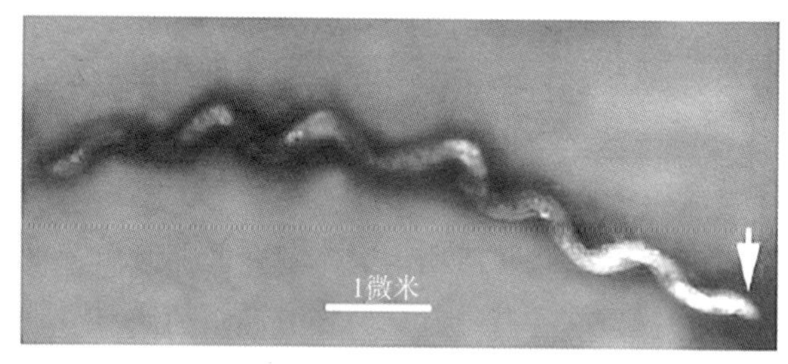

图 3-68　从患颤抖病的河蟹体内分离出的螺原体电镜负染照片

2. 诊断

一般可通过肉眼判断附肢环爪并颤抖。生产上利用纯培养的螺原体制备抗体建立了 ELISA 快速检测方法，并组装了试剂盒。河蟹螺原体 ELISA 试剂盒检测结果为阳性（图 3-69），即可确诊为颤抖病。

图 3-69 河蟹螺原体 ELISA 试剂盒的实际应用

3. 防治

该病主要以生态环境调控的预防为主，具体方法如下。

（1）先杀灭蟹体外寄生虫 治疗河蟹颤抖病须先杀灭蟹体外寄生虫；否则，鳃及蟹壳上的伤口就成为病原的侵袭门户，病情会更加严重。外消药可选用溴氯海因、二溴海因、二氧化氯、三氯氰尿酸等，根据病情一般一个疗程 2～4 次。

（2）外消与内服相结合 外消与内服必须相结合，将水体中及蟹体内外的病原都杀灭。内服药有益生素、大蒜素等，一般 7 天为 1 个疗程，根据病情轻重程度适当增加用量或使用天数，具体参见使用说明书。

（3）及早治疗 一旦疾病严重，病蟹将食欲废绝，就无法治疗。同时，绝对不能认为从每天死几百只蟹减少到死几只时就是治好了；或为了节省药费就停止继续治疗，这将得不偿失，过几天病原体大量滋生后，病情会更加严重，而且蟹因反复患病，自身的抵抗力会降得很低，甚至无法治疗。

（4）病死蟹要无害化处理　病死蟹一定要及时捞出深埋，不能到处乱扔，以免人为散布病原体。

（三）腹水病

1. 症状

病蟹主要症状为腹腔内出现大量腹水。细菌分离结果显示，其病原菌为拟态弧菌和嗜水气单胞菌。

2. 诊断

目前，河蟹腹水病的诊断主要依靠肉眼进行外观判断，也可以采用细菌分离鉴定的方法确诊（图 3-70）。

3. 防治

图 3-70　河蟹腹水病

采取 3 步治疗方法。第 1 步：先杀虫，如河蟹体表有固着类纤毛虫寄生，必须先杀虫；否则，固着类纤毛虫寄生后，损伤鳃组织及蟹壳，这就为细菌不断入侵打开门户，将严重影响治疗效果。第 2 步：外泼消毒药与内服药饵相结合，将蟹体内外及水体中的病原菌同时杀灭。外泼消毒药可以任选一种，最好是选用无残留、无公害的氯制剂、碘制剂。第 3 步：在停药后 2 天，全池泼洒生石灰，将池水调成弱碱性，适合河蟹生长。并进一步加强饲养管理，使河蟹尽快康复，健康成长。

（四）烂鳃病、黑鳃病

1. 症状

病蟹鳃丝呈灰色，从尖端基部溃烂，溃烂坏死的部分发生皱缩或脱落，病蟹活动力差，反应迟钝。主要由嗜水气单胞菌、弧菌等细菌引起。

2. 诊断

剪取一小部分鳃丝，先用灭菌水冲洗干净，用镊子分散后做成水浸片，在低倍镜下观察溃烂情况，再用高倍镜观察鳃丝内的细菌（图 3-71）。

图 3-71 河蟹烂鳃病

3. 防治

（1）用生石灰彻底清塘，保持池底有淤泥 5～10 厘米，移栽水草及投放漂浮植物。

（2）勤加新水，保持良好的水质环境。

（3）每立方米水体用生石灰 15～20 克化水全池泼洒，连用 2 次。

（五）甲壳溃疡病

1. 症状

病蟹腹部及附肢腐烂，肛门红肿，甲壳被侵蚀成洞而可见肌肉，摄食量下降，最终因无法脱壳而死亡。从病灶处分离到的细菌有弧菌、假单胞菌和黄杆菌等革兰氏阴性杆菌。

2. 诊断

病蟹的甲壳上具数目不定的黑褐色溃疡性斑点，在蟹的腹面较为常见。溃疡一般达不到壳下组织，在蟹蜕壳后即可消失，但可继发感染其他细菌病或真菌病，引起病蟹死亡。一般通过肉眼可诊断（图 3-72）。

图 3-72　河蟹甲壳溃疡病

3. 防治

（1）放养前蟹种要轻拿轻放，防止机械损伤，并用碘等渔用消毒剂浸泡 5～10 分钟，然后放养。

（2）在饲养过程中，高温季节前后要全池泼洒二溴海因或溴氯海因防病。

（3）根据饲料投喂状况，决定是否需要在饲料中添加蜕壳素及蟹用多维，促进河蟹健康生长。

（六）蜕壳不遂病

1. 症状

病蟹头胸甲后缘与腹部交界处或侧线出现裂口，但不能蜕去旧壳或只蜕出几只附肢而头胸甲不能蜕出，有的即使蜕出旧壳，但因新壳长时间无法变硬而死亡。引起蜕壳不遂病的原因较多，纤毛虫、鳃部疾病、水质变化都可以在河蟹蜕壳期引起蜕壳不遂病。

2. 诊断

该病由河蟹感染疾病或缺乏钙质及某些微量元素而引起。病蟹背部发黑，背甲上有明显棕色斑块，背甲后缘与腹部交界处出现裂缝，因无力蜕壳而死亡。一般通过肉眼可识别诊断（图 3-73）。

图 3-73 河蟹蜕壳不遂病

3. 防治

（1）检查河蟹是否患其他疾病，对症施药，进行治疗。

（2）每立方米水体用生石灰 20 克化水全池泼洒，5 天 1 次，连用三四次。

（3）在饲料中添加适量的贝壳粉和蜕壳素，并增加动物性饵料的投喂量。

（七）纤毛虫病

1. 症状

危害河蟹的纤毛虫种类较多，常见的有聚缩虫、单缩虫、阿脑虫、瓶体虫、苔藓虫和薮枝虫，以及累枝虫、钟形虫，还有附在鳃部的间腺虫和腹管虫等。固着类纤毛虫虽不直接摄取河蟹的营养，但可给河蟹造成直接和间接的危害。被固着类纤毛虫感染的河蟹，体表、鳃、卵表面有棉绒状附着物，当虫体侵入鳃部时，可使鳃变黑，内部鳃组织坏死，甚至造成鳃丝腐烂，阻碍鳃的呼吸与分泌；被其感染，河蟹的正常活动会受到影响，摄食量减少，呼吸受阻，蜕壳困难。养殖池中有机质含量高、过肥，且长期不换水，是导致该病发生的主要原因。该病可危害虾蟹的幼体或成体，但对繁殖季节的成体和幼体危害更为严重，该类纤毛虫一旦随水进入育苗池，就会很快在池中繁殖，造成幼体大量死亡。

2. 诊断

外观见有绒毛状者，可以初步判断为此病。确诊必须从病灶处刮取一些附着物做成水浸片，在显微镜下看到树枝状倒钟形虫体，才能确定为此病（图 3-74）。

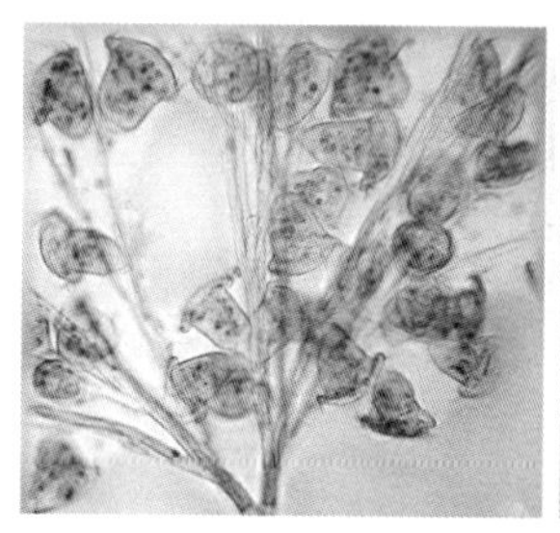
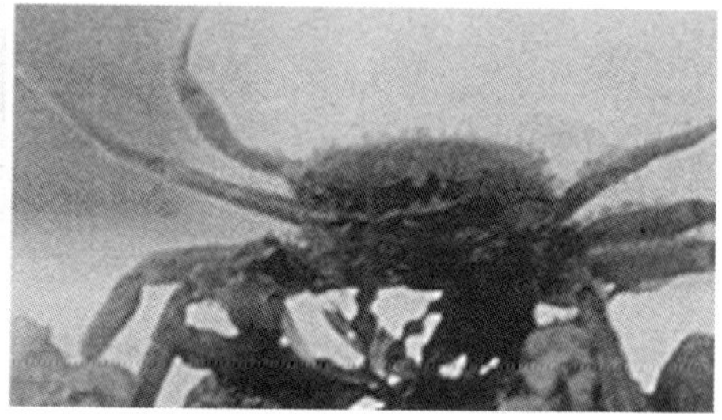

图 3-74　河蟹纤毛虫

3. 防治

蟹种放养前，用生石灰或茶籽饼彻底清塘，“虾蟹纤虫杀”类药物按说明书剂量全池泼洒；生长季节，经常向池中加注新水，在4—5 月、10 月高发季节用“高效底质改良剂”可长期保持水质清新。

第七节 养殖新技术、新设施、新装备

一、养殖尾水净化与循环利用技术

（一）养殖尾水净化与循环利用是水产养殖发展的必然趋势

1. 政策法规要求

根据《关于加快推进水产养殖业绿色发展的若干意见》的要求，到2022年，水产养殖业绿色发展取得明显进展，生产空间布局得到优化，转型升级目标基本实现，人民群众对优质水产品的需求基本得到满足，优美的养殖水域生态环境基本形成，水产养殖主产区实现尾水达标排放；国家级水产种质资源保护区达到550个以上，国家级水产健康养殖示范场达到7 000个以上，健康养殖示范县达到50个以上，健康养殖示范面积达到65%以上，产地水产品抽检合格率保持在98%以上。要加快推进养殖尾水治理。推动出台水产养殖尾水污染物排放标准，依法开展水产养殖项目环境影响评价。加快推进养殖节水减排，鼓励采取进排水改造，生物净化，人工湿地，种植水生蔬菜、花卉等技术措施开展集中连片池塘养殖区域和工厂化养殖尾水处理，推动养殖尾水资源化利用或达标排放。加强养殖尾水监测，规范设置养殖尾水排放口，落实养殖尾水排放属地监管职责和生产者环境保护主体责任。2022年目标为水产养殖主产区实现尾水达标排放，2035年养殖尾水全面达标排放。可见水产养殖的尾水净化与循环利用是未来的趋势。

2. 淡水养殖尾水排放要求

自改革开放以来，水产养殖业得到了持续、快速、健康发展，已成为农业和农村经济发展的重要引擎，是农民增收致富重要便捷的途径之一。但是，随着水产养殖规模扩大、养殖经济效益增加，水产养殖业因为观念的限制及养殖技术的落后，导致了养殖水体出现了一定程度的污染，进而给当地的水资源以及生态环境造成了一定的压力。根据养殖生产的特点，养殖尾水排放期主要集中在夏季换水及秋冬季收获、清塘时节，其污染指标主要有高锰酸盐指数、悬浮物、总磷、总氮、氨氮等。在河蟹养殖生产中，因为近年来注重生态养殖、节能绿色养殖，加之与常规鱼类养殖生产相比，其产量要低得多，因此河蟹养殖生产给外界水环境污染造成的压力相对也要小得多。

池塘养殖尾水作为农业面源污染中的组成部分，其排放应得到有效规范和控制。对于淡水养殖水环境，目前颁布的标准有《渔业水质标准》(GB 11607—1989)、《无公害农产品　淡水养殖产地环境条件》(NY/T 5361—2016)。淡水养殖尾水的排放标准目前主要有《淡水池塘养殖水排放要求》(SC/T 9101—2007)，标准中明确规定了养殖尾水排放分两个级别，包含污染指标、营养盐、重金属、硫化物、总余氯等共有10个指标。根据《关于加快推进水产养殖业绿色发展的若干意见》要求，各地正在抓紧制定《池塘养殖尾水排放标准》强制排放新标准，新标准的颁布实施将为推进我国水产养殖业向零排放、绿色型、生态化迈出坚实的一步。

（二）养殖水净化、循环利用的理念

近年来，随着河蟹产业和养殖技术的快速发展，河蟹高密度养殖模式备受养殖户青睐，池塘中残饵、残骸、排泄物、悬浮物及分解产生的氮磷等化合物和蛋白质等累积量随之增加，若未能及时降解吸收，容易造成水质恶化。传统养殖通过适量注水和换水调节改善养殖水体环境，养殖结束后将未经处理的养殖尾水排向周围水域。因此，河蟹养殖尾水主要来自养殖过程中的季节性换水和养殖结束后的排水，换排水时间比较集中。虽然与人类其他活动向水体排污量相比，河蟹养殖的排污量所占比重较小，但由于养殖区大部分水体交换条件差，易产生累积污染，增加了生态环境负荷。随着天然水域水体污染，可供养殖的水源越来越少，靠传统的注水与换水来调控水质的继续养殖将无法实现。

水产养殖尾水全面达标排放已被列入各级政府工作实施意见。因养殖水循环利用模式具有节能、节水、高效、简单实用、经济和易于被中小型河蟹养殖户所接受，产生较大的经济效益和社会效益，现已在江苏金坛逐步推广，应用渔业生态工程学原理，通过构建四级净化系统，采用原位修复、生物浮床吸附、水生动物滤食协同立体净化措施，针对性种植挺水植物和沉水植物、放养滤食性鱼类和底栖水生动物，利用水生植物根系吸收底泥和水体中氮、磷等物质，滤食性鱼类和底栖水生动物摄食残饵及河蟹排泄物，建立绿色健康养殖的池塘结构模式，生态净化河蟹养殖尾水，改善水质，提升河蟹品质，从而实现河蟹养殖池塘尾水循环利用，向外围水域零排放，保证水资源的可持续利用（图 3-75）。

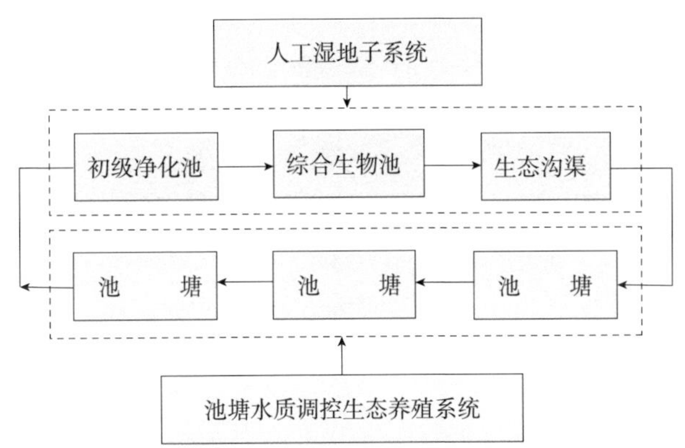

图 3-75　养殖用水净化与循环利用工艺流程

（三）净化与循环利用关键技术

养殖尾水净化与循环利用系统由净化系统和循环养殖系统两部分组成，其中净化系统包括养殖尾水沉淀池、养殖尾水曝气池、过滤坝、人工湿地-净化塘和蓄水池，占地面积达养殖水域总面积的10%；循环养殖系统包括池塘养殖设施、进排水设施、增氧设施、排污设施等。

1. 养殖尾水沉淀池构建

建立养殖尾水沉淀池 1 个（图 3-76），面积占养殖尾水净化区的 30%～40%，有效蓄水深度达 2.5～3 米。在沉淀池进水口处设置过滤坝，过滤坝由空心砖、砂石等吸附介质构成。养殖尾水经过滤坝流向沉淀池，最大程度截留较大颗粒悬浮固体废物和有害藻类，尾水在沉淀池静置后，利用重力从液相中分离固体颗粒物，主要原理是由于固体颗粒和液相的密度不同（固体颗粒的密度大），在相对静止的水体内，固体颗粒物在重力作用下发生沉积，从而实现固液分离，或者添加絮凝剂，通过异性电荷相互吸引，凝聚水体悬浮颗粒，加快沉淀速率，提高水体透明度。

图 3-76 养殖尾水沉淀池

2. 养殖尾水曝气池构建

养殖尾水曝气池面积占养殖尾水净化区的 8%～10%，池塘底部安装微孔曝气装置。经沉淀池固液分离的尾水溢流进入曝气池，施用微生态制剂，经光合细菌、硝化细菌等复合生物对废水中有机质进行降解。然后用消毒剂对水中的病原体进行杀灭，最终再通过曝气处理，使空气与尾水进行充分接触，其目的在于将空气中的氧溶解于水中，提高水体溶解氧，同时将尾水中不需要的气体和挥发性物质释放到空气中，促进气体与液体之间的物质交换，加快有机污染物的降解和转化。

3. 人工湿地-净化塘构建

人工湿地是由人工基质和生长在其上的水生植物、微生物组成的一个独特的土壤-植物-微生物生态系统。人工湿地净化技术是一种综合技术，结合物理过滤、化学吸附共沉淀、植物过滤及微生物作用等方法，用于水产养殖废水处理效果良好，能有效去除水中氮磷等营养元素，还能去除一定的生化需氧量（BOD）、化学需氧量（COD）和总悬浮固体（TSS）。人工湿地-净化塘配比面积不低于养殖尾水净化区的5%，主要利用不同营养层次的水生生物最大限度地去除水体中的污染物，同时增加水体中的溶解氧。在池塘底部种植沉水植物、漂浮植物，沉水植物可以选择轮叶黑藻、伊乐藻、苦草，漂浮植物可以选择荷花、睡莲、芡实等；池塘四周种植美人蕉、鸢尾等挺水植物；池塘表面固定浮床植物选择美人蕉、空心菜、水芹；水体中放养一定量的鲢、鳙等滤食性鱼类以及螺蛳等底栖生物。养殖尾水经曝气处理后通过潜流坝排入人工湿地，经沙石、土壤过滤，养殖尾水中的不溶性有机物通过湿地的沉淀、过滤作用，可以很快地被截留，进而被微生物利用，养殖尾水中可溶性有机物则可通过植物根系生物膜的吸附、吸收，及滤食性鱼类、底栖生物代谢降解过程而被分解、去除，实现再次净化（图 3-77）。

图 3-77　多级植物净化

4. 蓄水池构建

蓄水池面积占养殖尾水净化区的 30%～40%，有效蓄水深度达 2.5～3 米。经人工湿地净化后的养殖尾水在符合《太湖流域池塘养殖尾水排放要求》三级标准后进入蓄水池，经净化、循环进入养殖池塘（图 3-78）。

图 3-78　蓄水池净化

5. 池塘循环水复合养殖系统

循环水养殖就是人工湿地和生态养殖综合运用的典型实例。池塘循环水复合养殖系统模式具有设施化的系统配置设计，并有相应的管理规程，养殖尾水经过池塘生态净化，全程零排放，是一种"节水、安全、高效"的养殖模式。该系统将池塘分隔成养殖区、一级生物净化区、生物湿地净化区、生态净化廊道、生态氧化塘、缓冲区。循环水养殖所配套的人工湿地在循环系统内所占的比例取决于养殖方式、养殖排放水量、湿地结构等因素，湿地面积一般为养殖水面的 10%～20%。具体应用可根据养殖实际综合考虑、设计、使用。图 3-79 举例说明了一种循环水养殖与净化系统布局。

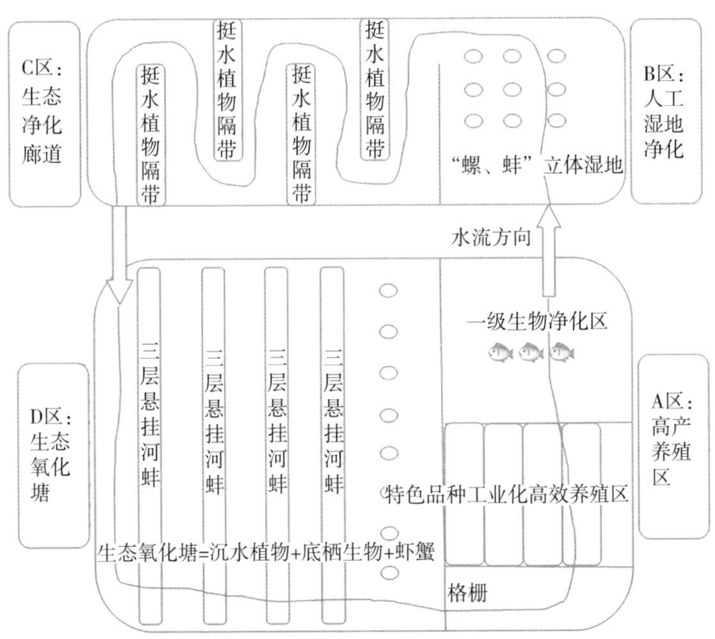

图 3-79　一种循环水养殖与净化系统布局

二、蟹池双层护坡新设施

河蟹是穴居性甲壳动物。野生的河蟹喜欢在江河、湖泊等水体岸边筑穴而居。池塘养殖的河蟹也保留了穴居的习性，加上河蟹具有洄游的习性，每到秋天河蟹肥满之际就会向外逃窜，这就需要在蟹池设置防逃设施。传统的蟹池防逃设施比较简单，有土质护坡和单一网皮护坡两种。土质护坡，即在池塘边上设置一道或两道防逃板，塘埂未做任何覆盖防护措施。该种方法操作简单，但是长期雨水冲刷之下土坡会坍塌，还会杂草丛生，隐藏敌害生物，给池塘管理带来不便。单一网皮护坡对塘埂坍塌起到一定的保护作用，但是不能防止塘埂生长杂草，且杂草生长之后不易去除，还会顶破网皮。于是，双层护坡技术应运而生，该技术有效解决了塘埂水土流失、河蟹塘边掘穴及逃窜等一系列问题。

（一）设施主要技术

1. 材料配备

黑色 PE 膜、绿色聚乙烯网、14 号或 16 号钢丝、6 分镀锌钢管等。

2. 施工要点

（1）首先对池塘进行标准化改造，调整塘埂坡度，使坡比为 1∶（1.5～2），夯实塘埂，确保斜坡与塘埂平坦，塘埂宽约 1.5 米。

（2）在池塘底部沿四周挖环沟，沟深 40 厘米左右，从环沟向塘埂依次铺设黑色 PE 膜（或厚土工网布）和绿色聚乙烯网片［聚乙烯网片覆盖在黑色 PE 膜（或厚土工网布）上］，黑色 PE 膜（或厚土工网布）和绿色聚乙烯网片均埋入环沟（图 3-80、图 3-81），压实（避免河蟹由此处掘穴）并用泥土覆盖环沟至平整状态。

图 3-80　厚土工网布

（3）黑色 PE 膜（或厚土工网布）沿斜坡铺设到塘埂平面之后覆盖过道，并用 U 形铁丝固定于过道，绿色聚乙烯网片上端与白色塑料板无缝连接在一起，铺设至与塘埂平面交汇处用 6 分镀锌钢管固定，白色塑料板宽 50 厘米左右，钢管插入塘埂固定，地上部分与塑料板同高，防逃板上沿、下沿用钢丝缝合并拉直，用一根约 2 米宽的钢管固定。

（4）两塘之间的过道在原有的基础上继续铺设黑色 PE 膜和绿

图 3-81 蟹池双层护坡铺设黑色 PE 膜

色聚乙烯网片，确保全部覆盖，并将聚乙烯网片在斜坡交汇处与钢丝固定。

（二）注意事项

1. 池塘改造

除满足日常河蟹养殖塘口改造的要求外，斜坡和塘埂要平整、压实，方便黑色 PE 膜与绿色聚乙烯网片的铺设。

2. 黑色 PE 膜与绿色聚乙烯网片安装

必须全覆盖且材料尽量完整，避免黑色 PE 膜移位后，土质裸露，滋生杂草。黑色 PE 膜与绿色聚乙烯网片尽量拉直，但又不能过于拉紧，以避免损坏。在铺设固定两塘之间过道的聚乙烯网片时，注意先固定一侧，再拉直固定另一侧。

3. 防逃板

白色塑料板作为防逃板必须高 50 厘米，才能有效防止大河蟹外逃。

4. 防损坏

人员必须从池塘码头处进出池塘，以避免人为损坏网皮；在使用过程中，要防止被利器划破，烟头烫烧，如发现有破损要尽快修补。

（三）优点

1. 防逃逸，提高河蟹回捕率

黑色 PE 膜加绿色聚乙烯网片结合防逃板可有效防止河蟹成熟

之后逃逸，提高回捕率。

2. 防止杂草生长，方便巡塘

黑色 PE 膜覆盖整个塘埂斜坡及过道，通过遮光的方式可有效避免池塘周围杂草生长，方便巡塘，如果有河蟹上岸的情况，可以及时发现、及时处理。

3. 延长蟹塘使用年限

对塘埂进行双层保护，可有效避免河蟹在塘埂边掘洞，较少对塘埂造成破坏，避免塘埂坍塌及水土流失，延长池塘使用年限。

4. 增强雨天水草的光合作用

通过对塘埂及过道进行双层覆盖，下雨天不会有泥浆水进入蟹塘，有效地改善了蟹塘中水草因下雨天水浑而光合作用不强的问题，间接起到养护水草，改善河蟹环境，进而提升河蟹品质的作用。

5. 促进河蟹蜕壳

有一定遮蔽和防滑作用，可以辅助河蟹蜕壳，解决了部分池塘水草不足，河蟹蜕壳困难的问题，提高河蟹蜕壳的整齐度，进而提高河蟹养成规格。

6. 提升河蟹品质

由于河蟹有洄游的习性，秋天会往外攀爬，传统的土质塘埂容易造成河蟹腹部变黑而影响售价，而双层护坡可有效改善这一问题。河蟹腹部与网皮摩擦会变白，提升河蟹品质。

7. 防敌害生物

通过对塘埂及过道进行双层覆盖，防止小龙虾及黄鳝等蟹塘敌害生物在塘埂边打洞，有效地减少其数量，提高河蟹养殖效益。

8. 方便收获河蟹

传统的蟹塘只能靠地笼捕获河蟹，应用双层护坡之后，晚上可以直接在岸边护坡上拾捡，提高河蟹收获的速度及回捕率。

9. 美化池塘环境

通过对塘埂及过道进行双层覆盖，可使池塘管理更加方便，还可明显美化养殖环境，提升水产养殖形象。

三、新装备发展与应用

（一）自动投饵船

1. 精准投饵的需求

河蟹通常夜间觅食，而目前受技术条件限制，都是白天投饵，投饵与河蟹觅食之间相隔时间过长，化开的颗粒饵料无法被河蟹充分摄取，存在饵料利用率低、易致水质污染的问题；河蟹不能大范围运动，只能就近觅食。河蟹还具有领地意识，同类之间会因为争食饵料而打斗。饵料分布不均匀很容易造成投饵量过多或不足。投放过多的饵料不仅会增加成本，还会导致水质的污染；成蟹规格的差异在很大程度上是饵料投放不当的后果。此外，市场上大规格河蟹价格比小规格河蟹价格高3～4倍，因此河蟹养殖正由追求产量的“大养蟹”向以质量效益为中心的“养大蟹”“养高品质蟹”转变。只有根据河蟹需求精准投饵，才能保证养殖的河蟹个头大而均匀、蜕壳同步、回捕率高。因此，养殖河蟹需要适时高效精准投饵。

2. 降低对人工劳动量的需求

然而，目前河蟹养殖主要采用白天人工撑船投饵喂料的作业方式，存在饵料利用率低、投饵作业效率低、劳动强度大、饵料抛撒随意性大，以及分布一致性和均匀性差的问题。河蟹长期处于饱一顿饥一顿的状态，不利于大规格河蟹高产、稳产、高质的培育，阻碍河蟹养殖产量与效益进一步提高。因此，为了改变目前河蟹养殖投饵环节技术落后的状况，迫切需要结合河蟹养殖专家系统，研究一种自主导航投饵系统和科学投饵方法，对河蟹进行适时高效精准饲喂，提高饲料利用率，降低对人工劳动量的需求，以促进河蟹养殖业健康发展。

3. 投饵船介绍

用于河蟹养殖的全自动均匀投饵船，包括船体、自动投饵装置、电气控制装置。自动投饵装置置于船体的船尾部位，包括料斗、压力传感器、多个漏斗、饵料阀门、阀门电机、多个导料管，多个漏斗并排设置在料斗的底部，每个漏斗的两侧均装有压力传感器，每个漏斗的底部均设置有饵料阀门，且与导料管相连通，饵料阀门的开关由阀门电机控制，导料管倾斜延伸至船尾的外部；电气控制装置包括嵌入式ARM处理器和分别与嵌入式ARM处理器连接的GPS导航模块、姿态方位系统模块、GPRS无线远程监控模块和超声波测距传感器。嵌入式ARM处理器还与压力传感器、阀门电机连接。在河蟹养殖过程中实现了投饵量的反馈控制，轨迹控制灵活。投饵船动力为1千瓦，料仓负载120千克，最大航速1.5米/秒，饵料最大抛幅7米，最大投饵速度800 $米^2$/分，直线导航精度10厘米（图3-82）。

图3-82　全自动均匀投饵船

（二）水草疏割机

1. 水草维护的需求

水草作为河蟹生长必不可少的重要场所，具有净化水质、提供饵料的功能。河蟹生态养殖池塘常见水草主要有伊乐藻、轮叶黑藻、苦草等。前期水草覆盖率维持在40%～50%，中、后期控制在60%～70%，但水草长势过快，覆盖率较高，若管护不到位，容易导致水草腐烂、败坏水质，进而影响河蟹生长。因此，适时割除多余的水草成为河蟹养殖过程中重要的日常工作。传统割草方式需 2 人在水下配合作业，体力消耗较大的同时容易引发水体混浊、透明度下降。水草疏割机是一种浮床式作业机具（图 3-83），通过连续输送带对水草进行自动疏割、收集处理，满载后将水草输送至塘埂，对改变传统手工作业方式、降低劳动强度、提高生产效率意义重大。

图 3-83 水草疏割机

2. 设备参数

（1）适用范围和应用条件 适于面积为 20～50 亩的河蟹养殖池塘中伊乐藻、轮叶黑藻、苦草等沉水植物的筛除与割茬；塘埂离水面距离不得超过 1.5 米；否则，无法直接把水草输送上岸。

（2）主要结构 水草疏割机主要由浮床、打捞装置、输送装置、发动机等部分组成，由人工撑船前行和控制方向。浮床采用泡沫板材质，长 5 米、宽 2 米、厚 20 厘米。电机功率 800 瓦，电压 48～60 伏，割草效率 700 米^2/时。疏割装置由不锈钢机身、工程塑料收草链条构成，输送带上设有梳状钉，最大割幅为 0.65 米。

（三）自动喷洒装置

1. 水质调控的需求

在河蟹养殖过程中，池塘生态环境是决定河蟹产量、规格的重要因素，水色、水质、透明度等环境因子可通过人工泼浇小球藻、EM 菌、光合细菌、芽孢杆菌等微生态制剂进行调节，以避免水体环境恶化导致河蟹滋生病害。传统养殖模式，养殖户经常采用简陋器具进行人工泼浇，泼浇距离较短，覆盖面较窄，用量较大时，需要来回搬运，劳动强度较大，工作效率较低，且微生态制剂泼浇不均匀，而微生态制剂自动喷洒装置是通过机械压力将微生态制剂喷洒到水体的一种机具，可以大幅提升微生态制剂载荷量，恒定喷洒量，实现池塘均匀喷洒，快速为水体提供必要微生物，提高有益微生物种群优势。目前，适用于河蟹养殖的微生态制剂自动喷洒装置主要由四轮手推式自动喷洒装置和船载式喷洒装置两种构成，前者主要用于沿塘埂移动喷洒，后者主要用于水面漂浮喷洒，两者均不可喷洒腐蚀性液体。

2. 自动喷洒设备介绍

（1）四轮手推式自动喷洒装置（图 3-84） 主要由液缸、动力装置、输送装置、喷洒管道等部分构成。主要参数为液缸容积 200～300 升，功率 1.5～2.2 千瓦，转速 1 400 转/分，射程10～20 米，喷洒效率 25 亩/时。适用于河蟹养殖池塘面积在 5 亩以下，需要人工沿池塘岸基呈扇形交替喷洒。

（2）船载式喷洒装置 适用于河蟹养殖池塘面积在 5 亩以上。主要结构由船体、直流水泵、喷头、电瓶等部分构成。船体长 3 米，配备 20 瓦的直流水泵和双喷头（旋转角度 110°），射程可达 10 米。

（四）河蟹物联网养殖系统

1. 生产管理中的要点

物联网信息化技术作为当今信息化社会的产物，逐渐实现了水

图 3-84 四轮手推式自动喷洒装置

产养殖的精准化生产、资源高效利用、信息化流通。当前，在河蟹养殖过程中对物联网技术的需求突出表现在以下 3 个方面：①河蟹养殖场缺乏有效信息监测技术和手段，水质在线监测和控制水平低，难以实现高效养殖，实现对水质和环境信息的实时在线监测、水质异常报警与预警等是迫切需求；②河蟹等水产品病害发生情况严重，相关专家技术人员缺乏，实现水产品精细喂养与疾病预测、建设水产品生态养殖智能化管理系统将在一定程度上解决这个问题；③目前，尽管有农业网站、农林电视节目等资源，但没有将信息充分整合到一起，养殖户也缺乏“天气预报式”服务。

2. 养殖物联网技术简介

利用物联网技术的传感技术、智能处理技术及智能控制技术，集数据和图像实时采集、无线传输、智能处理和预测预警信息发布、辅助决策等功能于一体，实现现场及远程系统数据获取、报警控制和设备控制，对河蟹养殖环境进行实时监控并进行相应处理。运用 Internet 网络技术开发的远程监控系统实时采集和快速处理现场数据，全天候、全方位监控环境源或者环境点，保证河蟹养殖生产安全，还可以减少值守工作人员，最终实现远端的无人或少人值守，达到减员增效的目的。无线传感器网络等物联网技术在我国工厂化河蟹养殖过程中的应用，使得养殖基地的生产管理水平和信息化水平得到显著提高，实现河蟹生态高效养殖，最终实现节能降耗、绿色环保、增产增收的目标。

3. 物联网技术在河蟹养殖管理中的应用

物联网养殖系统在河蟹养殖中的应用不受养殖面积限制，系统主要由传感节点（无线水质采集器，采用太阳能供电）、控制节点（无线水质控制器，控制增氧泵的启停）、中继节点、网关、基站、本地监控终端（包括工控机、投影机和投影屏幕）等几部分组成，实现了蟹池水质的 pH、溶解氧、温度、氨氮、亚硝酸盐、总磷、总氮、高锰酸盐指数 8 个关键性指标的自动采集、自动分析、自动传输、自动发送信息服务，实现了精准养殖、环境友好和质量控制。物联网智能监控系统可实时监测蟹池溶解氧，根据养殖池塘环境参数启动微孔增氧设备，节省了人工；实时监测蟹池水质，可准确把握投饵量，减少饲料特别是动物性饵料的浪费，也有效控制了过量投喂给养殖水体造成的污染；实时监测水体理化指标，便于及时采取应对措施，增强河蟹的抗病能力，降低发病率，减少水质调节剂和药物的使用量。

第四章 河蟹绿色高效养殖实例

第一节 绿色高效养殖实例一
——"小精高"河蟹绿色高效养殖模式

一、基本信息

王国忠，江苏省常州市金坛区西城街道方边村人，于1999年开始从事河蟹养殖，连年入选渔业科技示范户，并多次被评为优秀示范户。养殖户采用河蟹"小精高"家庭养殖模式，养殖面积共13.5亩，池塘2口。其中，成蟹养殖塘13亩，扣蟹培育池0.5亩。塘埂四周均为砖头砌成，既可以解决河蟹在塘埂打洞的问题，又便于生产管理。

二、放养与收获情况

该模式采用单养河蟹模式，即不套养其他品种。2018年2月13日，放养扣蟹，每亩投放规格为140只/千克的蟹种1 700只。2018年11月10日，开始用地笼捕蟹，上市平均规格达150克/只，平均亩产量为175千克（表4-1）。

表4-1 放养与收获

养殖品种	放养			收获		
	时间	规格	单放	时间	规格	平均亩产量
河蟹	2018年2月13日	140只/千克	22 100只	2018年11月10日	150克/只	175千克

三、养殖效益分析

该模式2018年亩投入7 800元。其中，水草投入成本为500元/亩，饵料投入成本为4 250元/亩，螺蛳投入成本为1 800元/亩，生物制剂投入成本为600元/亩，电费投入成本为450元/亩，人工及其他投入成本为200元/亩。当年平均亩产值18 800元，平均亩效益达11 000元。

四、经验和心得

1. 养殖技术要点

（1）栽种多品种水草　1月中旬，沿暂养区微孔增氧管道平行移栽伊乐藻，行距2米，株距80厘米，覆盖率达60%以上。在暂养池外围，沿微孔增氧管道播种轮叶黑藻芽孢，为高温季节做准备，每亩播种芽孢10千克，行距2米，株距80厘米，表层覆盖泥土。同时，将苦草草种与风干的泥土混匀后，在轮叶黑藻行间均匀播种1.5千克/亩，上水60厘米左右，隔天进行消毒。5月下旬，待轮叶黑藻覆盖率达60%以上时，拆除围网。

（2）自育蟹种　要想获得大规格、高产量，自育蟹种是关键。因此，养殖户专门配备蟹种培育池0.5亩。2月中旬，对自育蟹种每一只都经过筛选，保证下塘的蟹种体质健壮、活力强、规格匀称，放养至暂养区强化培育，每亩投放规格为120～160只/千克的蟹种1 700只。自育蟹种，不仅质量有保证，而且节约成本，成活率高。

（3）投放螺蛳　待水温达到0℃以上时，投放螺蛳，每亩一次性投放500千克。选择壳薄且肉质厚实的螺蛳作为河蟹活性饵料，让其自然繁殖。

（4）施肥培水　待水温达到15℃以上后，用肥水膏培肥水质，将水色培育呈茶色。切忌水温低于15℃时肥水，因为效果不太好，

水色的维持时间不会太长。在水色变淡时要及时补充肥水膏，一般需要补充3～4次。

2. 养殖特点

（1）单个池塘面积“小”　单个池塘养殖面积以10～20亩为宜，且池底平整，配套进排水系统，便于以1～2个家庭成员为主要劳动力进行管理。这种养殖模式投资少、节约资源、便于管理，适合一家一户的家庭式养殖。

（2）调水改底“勤”　水体中的氨氮、亚硝酸盐、硫化氢等有害物质超标会影响河蟹生长，因此定期改良底质、调节水质尤为重要。3—7月，施用底质改良剂2～3天后，施用生物制剂调节水质，每隔15天反复1次，降雨过后立即调水；8—9月，缩短调水改底周期，增加调水改底次数，每隔7天反复1次，将水体透明度控制在50厘米以上，保持水草叶面干净、清爽，且在傍晚至凌晨开启微孔增氧设施10小时以上。

（3）产出效益“高”　单位面积蟹种放养密度常年维持在1 600～2 000只/亩，年均产量达150千克/亩以上，养殖成本8 000元左右/亩，亩效益6 000～10 000元。

3. 养殖中遇到的问题及解决方法

（1）避免养殖前期水草被蟹种夹损　清塘结束后，将高为1.2米的聚乙烯网片下端埋入池底泥中15～25厘米，网片上部设30厘米的防逃膜，每间隔1.5米用竹桩固定，将池塘分隔成暂养区和养成区，其面积分别占总面积的40%和60%。5月下旬，待养成区水草覆盖率达60%以上时拆除。

（2）养殖前期蟹种营养需求问题的解决方法　养殖前期，蟹种摄食量较少，培育丰富的天然饵料可满足其摄食需求。待水温达到15℃以上时，向池内泼洒生物有机肥，以培育水体中的水蚯蚓、红虫等底栖生物和有益藻类，为蟹种提供天然适口饵料。蟹池内的水草、螺蛳，以及底栖生物、浮游生物的生长养需要大量营养元素，要根据水色变化及时肥水3～4次，以补充营养，维持水体藻相平衡，降低水体透明度，抑制青苔生长。

五、上市和销售

11 月中旬后，开始用地笼套捕，养殖户的河蟹品质在周边的口碑较好，主要销售渠道为酒席用蟹和礼品蟹，少部分小规格在批发市场销售。由于河蟹的价格呈“两头高中间低”的趋势，因此建议养殖户在国庆节和中秋节适当销售一部分；另一部分进行囤养，待河蟹价格上涨时再进行销售。

第二节　绿色高效养殖实例二

——“蟹、虾、鳜”绿色高效混养模式

一、基本信息

养殖户朱明生，养殖塘口位于江苏省金坛区朱林镇沙湖村，水源充足，水质清新无污染，符合国家渔业水质标准，注排水方便，3 口池塘面积分别为 16 亩、12 亩和 10 亩，合计 38 亩。采用河蟹、青虾、鳜等水产品种综合混养的模式养殖。

二、放养与收获情况

1. 放养情况

2017 年 2 月 26 日至 3 月 7 日，在蟹池中投放规格为 1 800～2 000尾/千克的本地青虾苗 360 千克。3 月 3 日，投放大规格银鲫 200 千克。3 月 20—25 日，放养黄颡鱼鱼种 41 千克。5 月 21 日，在蟹池中投放 5 厘米以上的鳜苗 600 尾。

2. 收获情况

全年共收获河蟹 3 110 千克，平均亩产 81.84 千克，平均规格 148 克/只。青虾 1 150 千克，平均亩产 30.26 千克。鳜 288 千克，平均亩产 7.58 千克。黄颡鱼 330 千克，平均亩产 8.68 千克。其他鱼类 2 380 千克，平均亩产 62.63 千克。具体收获情况见表 4-2。

表 4-2　放养与收获

养殖品种	放养			收获		
	时间	规格	每亩放养量	时间	规格（克/只）	平均亩产（千克）
河蟹	3 月 7 日	150 只/千克	1 800 只	11 月	148	81.84
青虾	2 月 26 日	2 000 只/千克	20 千克	6 月	—	30.26
鳜	5 月 21 日	5 厘米	500 尾	12 月	—	7.58
黄颡鱼	3 月 25 日	32 尾/千克	1.5 千克	12 月	—	8.68
其他	3 月 3 日	20 尾/千克	6 千克	12 月	—	62.63

三、养殖效益分析

该模式塘租成本 180 元/亩、螺蛳成本 315 元/亩，苗种成本 627 元/亩，饲料成本 663 元/亩、渔用微生态制剂 68 元/亩，水电费 110 元/亩，人工 157 元/亩，其他 207 元/亩，合计亩成本2 327 元。共实现河蟹产值 217 738 元，青虾 41 400 元，鳜 10 560 元，黄颡鱼 9 286 元，其他鱼类 20 380 元，合计总产值 299 364 元。该模式亩均效益 5 551 元。

四、经验和心得

1. 养殖技术要点

（1）清塘消毒　冬季 12 月抽干池水冻晒 1 个月左右，用清淤机清除池中过多的淤泥，留有 10 厘米的淤泥，全池上水 10 厘米左右，并用生石灰 8 000 千克全池泼浇，亩均用量 210.5 千克。半个月后上水用于后期种植水草和移殖培养螺蛳。

（2）移殖螺蛳　分两期移殖螺蛳，前期在4月7日移殖螺蛳11 200千克，亩均295千克；后期在7月13日补殖螺蛳7 000千克，亩均投放量184千克。

（3）蟹种放养　选择体质健壮、活动敏捷、足爪无损的本地自育蟹种于4月13—16日分批用EM原露浸泡10～15分钟再投放到暂养区中暂养。待蟹池中的水草长成和蟹池中的青虾捕捞结束后，于5月20日将暂养区内的种苗全池散放。

（4）病害防治　预防为主，防治结合。前防：4月27日，采用硫酸锌复配剂杀纤毛虫1次，相隔2天后用碘制剂进行水体消毒，并在5月3日后用1%的中草药制成颗粒药饵投喂，连续投喂5～7天，防止病害的发生。中控：6月29日，在梅雨期后及高温来临之前，用药扑杀纤毛虫，并外用内服药物，控制高温期间病害暴发。后保：9月21日，扑杀纤毛虫，2天后，进行水体消毒和内服药饵，加强饲养管理，增强河蟹体质，提高抗病能力，确保增重育肥上市。

2. 养殖特点

（1）空间和饵料利用率提高　综合套养套放青虾、银鲫、黄颡鱼和鳜等名贵品种，不仅不会影响河蟹生长，而且填补了生态位空白，提高了池塘综合生产能力。池塘中引进顶级消费者鳜可以抑制中小型鱼类，提高饲料转化率和利用率。同时，适量放养异育银鲫有利于提高鳜的成活率。

（2）生物调控　通过鱼类活动既可以减少青苔的发生、药物的使用量，又修复了池塘生态环境，提高了水产品质量。定期配合使用EM原露调节水质，可以降低底层亚硝酸盐以及硫化氢等有害气体毒性，促进物质循环，增强蟹体免疫力。

五、上市和销售

5月13日至6月15日，用地笼对青虾进行捕捞上市销售。10

月21日至12月21日，用地笼和干塘的方法，分别将河蟹、鳜、银鲫、青虾及野杂鱼捕捞上市销售。整个生产季节均有销售资金回笼，且不同品种搭配有效提高了水体利用率，降低了单一品种市场价格波动带来的风险。养殖的河蟹主要上批发市场，由于蟹池套养的名贵鱼品质明显优于池塘主养的，所以主要由水产经纪人定点上塘口溢价收购。

第三节 绿色高效养殖实例三

——河蟹"物联网"养殖模式

一、基本信息

江苏省常州市金坛区渔业科技示范基地，位于儒林镇大亭村，养殖面积120亩，高标准建设了12个蟹种培育池和30个成蟹试验塘，建成250米^{2}生物饵料培养室，购置生物菌扩培系统1套；增加现代化、自动化河蟹暂养系统一套，气象站1个，物联网装备6套。基地先后被确立为江苏省渔业科技培训和研修基地、江苏省河蟹产业公共技术试验示范基地、国家虾蟹产业技术体系河蟹养殖模式研发基地。基地大力创新集成绿色生态养殖技术，加快科技节能型、绿色生态型、设施装备智能化等一批绿色渔业科技成果转化。2010年起，引进物联网养殖设施，开展物联网技术在河蟹养殖水质监测控制上的应用。

二、放养与收获情况

该模式采取河蟹单一品种养殖，平均每亩投放优质扣蟹1 200只左右，规格为140只/千克，平均亩产河蟹144千克，平均规格160克/只，具体见表4-3。

表 4-3 放养与收获

养殖品种	放养			收获		
	时间	规格	放养量	时间	规格	平均亩产
河蟹	2018年2月10日	140只/千克	144 000只	2018年12月30日	160克/只	144千克

三、养殖效益分析

该模式亩投入成本达 6 882 元。其中，塘口租金 800 元/亩，苗种、水草及螺蛳成本 2 500 元/亩，微生态制剂 380 元/亩，人工 465 元/亩，饲料 2 227 元/亩，水电费 510 元/亩。当年亩产值 17 174元，亩利润达 10 292 元。

四、经验和心得

1. 养殖技术要点

（1）基于物联网的蟹池生态高效养殖技术　结合物联网智能化、信息化技术研发，组装集成智能化点式微孔增氧、肥料科学运筹、苗种选优适量投放、复合型水草布局与立体形态营造、营养需求性饲料投喂、精准测水调水等技术，形成了整套基于物联网的蟹池生态高效养殖新技术，实现了“大规格”“优质”“高效”“生态”四大突破。

（2）精准测水调水技术　以 pH、溶解氧、温度、氨氮、亚硝酸盐、总磷、总氮、高锰酸盐 8 个水质指标为对象，开发了基于物联网的自动采集和实时在线监测系统，按照蟹池常规水质指标变化规律建立回归模型，将水质分为最适、适宜、可耐受、不适宜、不可耐受生长 5 个等级，根据水质指标变化，针对性选用微生态制剂等不同水质改良剂进行精准调控，实现了蟹虾养殖池塘精准测水调水和质量控制。

（3）复合型水草布局与立体形态营造技术　“353”复合型水草种养模式，“3”即3种水草，以轮叶黑藻、伊乐藻为主，少量搭配苦草的复合型水草种植模式；“5”即50%，指在栽培管理上，采取“前促、中抑、后保”措施，使水草覆盖率维持在50%；最后一个“3”即30厘米，指将水草高度控制在水面以下30厘米。

（4）饵料优化与投喂技术　养殖前期（春季，3—5月）投喂蛋白质含量为38%～40%的颗粒饲料搭配小杂鱼，中期（夏季，6—8月）投喂蛋白质含量为32%左右的颗粒饲料搭配小麦，后期育肥（秋季，9—10月）投喂蛋白质含量为35%左右的颗粒饲料，适当搭配少量玉米、黄豆、小杂鱼。

（5）智能化点式微孔增氧技术　以“改善底层水质的增氧技术”为突破点，从曝气装备、配套设施及智能控制等方面着手，通过物联网智能控制系统与点式微孔增氧设施相连接，微孔管间距为8米，充氧泵安装功率为0.3千瓦/亩，根据设定的水体溶解氧临界值为5毫克/升，自动开启或关闭增氧设施，增氧耗能比传统叶轮式增氧设施下降40%以上，实现了节能增效。

（6）肥料科学运筹技术　确立了前期“施足基肥、适时追肥”的技术措施，前期施足基肥（施经发酵的猪粪260千克/亩），后期及时追肥补肥（追施无机肥10千克/亩），形成蟹虾池塘水体生物量调控技术体系，培植了丰富的浮游生物和底栖生物资源，提高了池塘初级生产力，扩大了水体容量，提高了资源利用率，为池塘高产高效奠定了物质基础。

2. 养殖特点

（1）蟹池减缓应激反应技术　根据蟹池水质变化规律，建立以控制pH、稳定水温、保持高溶解氧为核心的减缓应激反应技术，通过控制水草密度、浮游生物丰度，换水和调节水位，以及科学使用微生态制剂等措施，保持蟹池环境稳定，避免环境因子骤变，有效预防和减缓应激反应的发生。

（2）生物扩培技术　根据细菌繁殖扩增需要碳源、氮源及营养盐的原理，开展了有益水体微生物菌株、有益藻类的分离和扩增技术研究，探索出了光合细菌、芽孢杆菌、乳酸菌、EM 菌扩增的简易配方，并根据生物菌发酵原理，实现了发酵饲料自主配制（图 4-1）。

图 4-1　EM 菌培养室

（3）双层多功能护坡技术　对池塘进行标准化改造，调整塘埂坡度，在池塘底部沿四周挖环沟，沟深 40 厘米左右，从环沟向塘埂由内向外依次铺设 PE 膜和聚乙烯网片，PE 膜和聚乙烯网片均埋入环沟压实，并用泥土覆盖环沟至平整状态。该技术具有延长蟹塘使用年限、增强水草光合作用、促进河蟹蜕壳、防逃逸、防止杂草生长、防敌害生物等多项功能。

3. 养殖中遇到的问题及解决方法

（1）青苔处理　出现青苔后，可突击清除，补栽水草，施加生物肥降低水体透明度，施用过硫酸氢钾、腐殖酸钠、活性炭、聚合硫酸铁等化学改良剂，同时泼洒芽孢杆菌，促进有机大分子快速降解为营养物质，促进有益藻类生长。

（2）蓝藻处理　蓝藻出现的初期，先用适量聚维酮碘制剂给水体消毒，破坏蓝藻活力，再施用光合细菌（小球藻）加腐殖酸钠防治，利用光合细菌与蓝藻争夺营养，腐殖酸钠遮光抑藻；蟹池暴发蓝藻，除加强增氧措施的应用外，可先使用螯合铜类药品杀蓝藻，3 小时后泼洒硫代硫酸钠解毒，同时施用芽孢杆菌。

（3）水草叶面挂脏的处理　晴朗天气，每亩用 0.1%～0.2% 月桂基硫酸钠（SDS）溶液 40～50 克，再用 2%的聚合硫酸铁溶液 40～50 克，2～3 天后，水草叶面附着脏物掉落，水草活力增强，水体透明度提高。

五、上市和销售

（一）品牌营销

紧抓金坛政府重点打造“长荡湖大闸蟹”区域公共品牌的有利时机，基地加大产品的宣传、推介力度，所产河蟹被评为“中国十大名蟹”，先后到香港、北京、上海、南京等国内大中城市举办“长荡湖大闸蟹”推介会，邀请中央电视台二套、七套等媒体多次报道“长荡湖大闸蟹”，以基地为核心的“长荡湖大闸蟹”知名度大幅提升，备受市场青睐。

（二）网络销售规模化

基地积极依托长荡湖品牌发展战略，大力发展实体销售和网络营销，全力开拓国内市场，通过加大与永辉超市、上海上蔬、大润发、武汉中百、华联超市等国内知名超市无缝对接，开设“长荡湖大闸蟹”专卖店（柜），同时与永辉超市旗下新零售“超级物种”、阿里巴巴旗下“盒马鲜生”签订长期供货协议，并在天猫、京东、拼多多等知名电商平台开设旗舰店，提高“长荡湖大闸蟹”国内市场的占有率。

（三）加强产业融合

基地通过延伸产业链条，增加附加值，推进一二三产融合发展，与知名酒店、加工企业开展长荡湖醉蟹、蜜蟹、香辣蟹的加工，借助长荡湖水街、水庄、水城等一批观光休闲渔业示范点发展，为“赏湖景、品湖蟹、购湖蟹”的游客提供优质大闸蟹。

第四节　绿色高效养殖实例四
——河蟹“863”绿色高效养殖模式

一、基本信息

江苏诺亚方舟农业科技有限公司，成立于2011年1月6日，养殖基地位于江苏省常州市钟楼区邹区现代农业产业园区。公司按总体规划，已建设一期现代渔业示范区，为特种水产养殖基地，主要培育河蟹。养殖总面积800多亩，主要采用自创“863模式”养殖，即亩放800蟹种、回捕600成蟹、亩产值3万元。池塘主要为土池，养殖过程中采用生石灰或漂白粉消毒，生物制剂调水，不使用禁用渔药，保证生态养殖，养蟹后水更清了。公司已注册“新孟河”商标，所产河蟹主要出口马来西亚、新加坡等国家，带动了苏锡常等多个地区的河蟹品种改良和提升，促进了河蟹产业转型升级。

二、放养与收获情况

2017年3月5日放养“诺亚1号”扣蟹，亩均放养规格为110只/千克的优质扣蟹800只。2017年11月28日，随机选择成蟹10号塘口进行测产，塘口面积12亩，现场打样60只，总重14.463千克，平均规格241.05克。其中，雌蟹30只，重6.037千克，均重

201.23 克/只；雄蟹 30 只，总重 8.426 千克，均重 280.87 克/只。干塘后统计，亩均产量92千克，回捕率 81.6%，亩均回捕量 653 只（表 4-4）。

表 4-4 河蟹“863 模式”2017 年放养与收获

养殖品种	放养			收获				
	时间	规格（只/千克）	亩均放养量（只）	时间	规格		亩均产量（千克）	亩均回捕量（只）
					雄蟹（克/只）	雌蟹（克/只）		
河蟹“诺亚1号”	3月5日	110	800	11月28日	280.87	201.23	92	653

三、养殖效益分析

该模式 2017 年亩投入成本 7 175 元。其中，塘租成本 1 200 元/亩，苗种费 1 200 元/亩，饲料成本 1 435 元/亩，人工成本 800 元/亩，水电成本 1 060 元/亩，设备维修 150 元/亩，微生态制剂 350 元/亩，螺蛳、水草成本 730 元/亩，其他成本 250 元/亩。当年亩产值达 31 060 元，亩利润 23 885 元。

四、经验和心得

1. 养殖技术要点

（1）池塘条件　要求池塘规范整洁，进排水系统独立完善。面积控制在 10～15 亩，平均水深 1～ 1.5 米，埂面宽度 3～3.5 米，池埂坡比 1∶3，池底平坦少淤泥。

（2）放养前准备　①池塘消毒。11—12 月，抽干池水，清除水草及池底过多淤泥，平整塘底，翻塘暴晒 20～30 天。蟹种放养前 1 个月（2 月中旬），对池塘进行清塘消毒，使用 100～150 千克/亩生石灰或 13 千克/亩漂白粉或 0.25 千克/亩二氧化氯，溶解后全池泼洒。进水后水位线高于池底 20 厘米。②生态净化池及暂养区设置。采用池塘循环水养殖模式，将外河水引入净化池，在净化池中种植水草，投放螺蛳、鲢等构成一套小生态系统，将净化过的水注入养殖池塘，同时为高温季节的换水及加水提供清新水源（图 4-2）。

图 4-2 生态净化池

（3）放养蟹苗 放养“诺亚 1 号”优质蟹种。在 2 月底 3 月初，应避开冰冻严寒期，水温在 3～10℃，天气晴朗时放种。蟹种放养前使用高锰酸钾溶液或生理盐水进行消毒。放养密度为 800 只/亩左右，蟹种规格为 55 只/千克左右，养成时每亩收获约 600 只大规格商品蟹。

（4）螺蛳投喂 为避免螺蛳冬季冻伤或夏天缺氧死亡，应选择在清明前投放螺蛳，放养密度为 300 千克/亩，全池均匀投放，以改善水体综合环境。

（5）水质调控 养殖过程始终保持水质清新，溶解氧充足，透明度 30～40 厘米。放养初期水深 0.5 米，4—6 月水深 0.6～0.8 米，7—8 月水深 1.2 米，随水温上升逐步加水，每次加 5 厘米。高温季节增加水深与覆盖水草可保证池底水温低，避免河蟹因高温性早熟。水位控制原则：春浅、夏满、秋适中。夏季，每周换水 1 次，每次 5 厘米，边排边灌。秋季，每 2 周换水 1 次，每次更新全池水的 1/5。前期水质要偏肥，后期要偏瘦。定期肥水，每亩施 15

千克磷肥，促进水草生长和调肥水质。消毒后2周采用微生态制剂进行调节，泼洒EM菌。

（6）病害防治　为保证河蟹的口感与品质，坚持“以防为主”的原则进行病害防控。在蟹种放养前用生石灰进行全塘消毒，在养殖过程中注重栽种复合型水草、投放螺蛳，构造小型生态系统，定期用EM菌等微生态制剂全池泼洒，在整个养殖过程中均未发生过病害。采用“863”稀放精养模式，实现水质、投喂实时监测，“诺亚1号”成蟹整体成活率达80%以上。

2. 养殖特点

（1）池塘养蟹，增氧先行　河蟹的传统养殖是没有增氧设施，主要依靠栽植的水草进行光合作用供应氧气，但是一旦到夏秋两季阴雨天池塘缺氧或者水草死亡导致池塘缺氧时，必要的辅助增氧设备将是保证河蟹正常生长的急救措施。从多方实践经验看，在池塘底部建设微孔增氧设备进行增氧，能有效降低因缺氧引发的大规模死亡风险。定时进行底增氧有助于水草根部的生长和水体水质的改善（图4-3）。

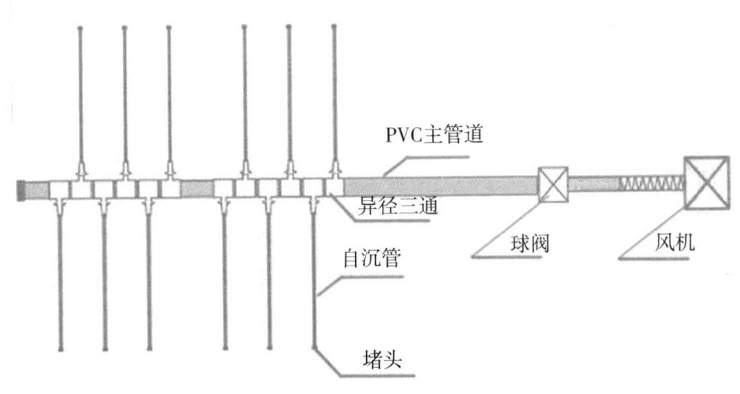

图4-3　蟹池常见底增氧设备安装图

（2）蟹塘种草，不全不行　蟹塘种草要依据各地气候、土壤进行安排，选择河蟹喜爱，且能在不同阶段持续生长的水草品种。具体为，养殖前期选择河蟹喜爱摄食的水草品种（苦草、伊乐藻或轮叶黑藻）搭配微齿眼子菜，保障河蟹养殖初期摄食嫩芽和中期摄食青绿饲料，后期持续有草净化水质、协助河蟹蜕壳。同时，蟹塘种草，还需要有草塘供应水草补种。养殖期间会遇到各种突发自然因素，导致水草突然老化或覆盖面积大规模减少，此时需要及时补种应急备用草塘的水草（微齿眼子菜、轮叶黑藻）。

（3）测水调水，不勤不行　蟹塘养殖，养草先行。草好水好，水质的好坏与水草的生长密切相关，通过观察水质的一些变化决定是否需要肥水或者调水。同时，河蟹对于水体中氨氮、亚硝酸氮含量的变化极为敏感，因此为了及时掌握蟹塘的信息，需要更为勤快地测水调水，根据所施肥的肥力发散作用期，制订了 3 天 1 次的测定方案。肥水，半个月 1 次，以 EM 菌发酵后的鸡粪或者豆饼、菜饼为主；调水，1 周 1 次，以 EM 菌为主、生物絮凝沉降为辅；改水，通过控制水草的长势，进而调控水草对水体中可溶性营养盐的吸收。

（4）蟹塘管理，不细不行　养蟹需要亲力亲为，不仅要掌握养殖大方向，更要注重细节。池塘管理除了“四定”“四看”外，更要注重其他方面。具体为关注最新的养殖动态和技能；保持蟹塘的环境整洁，防逃防敌害；多转塘，一旦发现青苔必须立即处理；进排水处设置好过滤网，严防野杂鱼入池而争食饲料、搅动水体；及时捕杀过多的泥鳅和小龙虾；阴雨天勤开增氧设备；池塘补钙不间断；监控防范要跟上；塘不离人、蟹不离水。

3. 养殖中的问题与解决方法

（1）性早熟的原因和防治方法　河蟹性早熟的原因是河蟹养殖过程中随着水温的提高，营养的过量摄入，以及饲料中添加激素过量，河蟹的性腺发育过快，部分蟹种早熟。早熟蟹提前停止生长，规格小，价值低。

防治方法：①控制水温，主要通过栽植水草以及定期加注新水提高水位实现；②营养均衡，养殖中期降低饲料中动物性蛋白含量，提高植物性蛋白含量，避免营养过剩；③减少人工激素的添

加，可拌喂含有天然保幼激素和蜕皮激素的蚕蛹，保障河蟹顺利蜕壳延缓发育。

（2）氨氮、亚硝酸氮超标的处理方法　河蟹养殖期间常测氨氮、亚硝酸氮是很多河蟹养殖户都了解的，池塘水的氨氮、亚硝酸盐的含量标准分别是≤0.2毫克/升、≤0.1毫克/升，当超过这个标准时，会对河蟹产生危害，且温度越高氨氮、亚硝酸氮的毒性越大。

处理方法：①施肥种草要合理科学，施肥尽量不用复合肥等化肥，使用腐熟发酵的有机肥更好，遵循少量多次，使硝化反应充分进行，避免氨氮快速上升；②及时改底，使用芽孢杆菌等改良底质；③添加小球藻，培育有益藻类吸收水体中过剩的营养盐；④添加外源EM菌，培育水体有益菌群可加快有机物的氨化、硝化过程，降低氨氮浓度。

（3）野杂鱼多少的判断和防治方法　野杂鱼通常包括小龙虾、泥鳅等。杂鱼多，搅动水体使水变混浊，抢饲料，易使河蟹受到惊吓，是河蟹养殖比较常见的一个问题。通常于阴雨天气时看下风口水表层，有无小鱼贴近水面游动、有无泥鳅“窜水”；喂食地点附近放置地笼，观察有无杂鱼进入及数量的多少。

防治方法：①要清干净塘，并且将塘底暴晒，尽可能地杀灭鱼卵；②在进排水口安装过滤网，尽可能地减少外源生物进入；③在靠近外河的田埂加装防护网，严防雨天乌鳢等窜入；④未放螺蛳和鳜的池塘，每亩使用茶籽饼12～12.5千克，可彻底杀灭野杂鱼；⑤使用专门杀小龙虾的药消除小龙虾。

（4）养殖后期水草管理难的解决方法　河蟹进入养殖后期，池塘的水草因受到多重因素影响而变得很少且根部腐烂上浮，大面积断草会导致河蟹晒伤且无处蜕壳，水质恶化，水体缺氧，最终导致河蟹大面积死亡。

解决方法：①养殖初期，从根本上重视水草搭配，关注水草生长特性；②养殖中期，做好疏草、补草的管理；③养殖后期，降水位、打草头、除烂草、加根肥；④同步增氧，使用EM菌改底调水；⑤水草疯长无法处理时，就把食道上的水草打掉，以防阻碍河蟹吃食。

五、上市和销售

江苏诺亚方舟农业科技有限公司参照河蟹绿色生态养殖的出口级标准生产，所产河蟹不仅个头大，且质优价高。经过多年努力，公司搭建了线上线下的组合型销售渠道，注册“新孟河”商标，以出口为主，主要出口至马来西亚、新加坡等国家。同时，积极参与各类国内河蟹比赛和农产品展示，提高国内知名度，由出口转向内外统销。

第五节　绿色高效养殖实例五

——河蟹全程颗粒饲料投喂养殖模式

一、基本信息

养殖户王卫平，江苏省常州市金坛区儒林镇湖头村，有连续20年的河蟹养殖经验。单个池塘，面积20亩，投放河蟹单一品种，种植伊乐藻，采用微孔增氧设备，初期水源为与长荡湖相通的外河水，中后期以深井水和雨水作为补充水源。与周边普遍采取“冰鲜鱼+配合饲料+玉米”的投喂方式不同，该户全程投喂自行配制的颗粒饲料。

二、放养与收获情况

2月放养扣蟹，每亩投放规格为140只/千克的蟹种1 500只，11月起捕上市，平均规格达145克/只，平均亩产量为157千克。

详见表 4-5。

表 4-5 放养与收获

养殖品种	放养			收获		
	时间	规格	放养量	时间	规格	平均亩产量
河蟹	2018 年 2 月 5 日	140 只/千克	30 000 只	2019 年 1 月 6 日	145 克/只	157 千克

三、养殖效益分析

2019 年亩投入成本达 6 000 元。其中，塘口租金 1 050 元/亩，苗种 1 175 元/亩，微生态制剂 200 元/亩，人工 1 175 元/亩，饲料 2 000 元/亩，水电 400 元/亩。当年亩产值达 12 600 元，亩利润 6 600元。

四、经验和心得

1. 养殖技术要点

（1）池塘准备　干塘、晒塘之后，进水 20 厘米，用漂白粉 30 千克/亩对塘口进行消毒、清塘。检查进排水系统、防逃及增氧设施，加注新水。

（2）苗种放养　2 月初，挑选大小一致、附肢健全、体质健壮、平均规格为 140 只/千克的蟹种，于晴天清晨放入试验塘中，放养密度为 1 500 只/亩，放养前对池塘进行调水解毒。6 月，放入 5 厘米左右的鳜鱼苗 10 尾/亩，用以控制野杂鱼。

（3）饲料投喂　养殖前期（3—5 月）投喂蛋白质含量为 38%～40%的颗粒饲料，中期（6—8 月）投喂蛋白质含量为 32%左右的颗粒饲料，后期育肥（9—11 月）投喂蛋白质含量为 38%左右的颗粒饲料，同时适当搭配动植物性饵料；饲料中定期添加多糖、多维和生物菌等提高河蟹机体免疫力；具体投喂量以投喂后

2～3 小时吃完为宜，全池均匀撒投。3—6 月，1 天投喂 1 次，在傍晚时全池均匀撒投；7—10 月 1 天投喂 2 次，5：00—6：00 投喂量占全天投喂量的 60%，18：00—19：00 投喂量占全天投喂量的 40%，均为全池均匀撒投。

（4）水草管理　针对伊乐藻，4—5 月采取“挖心”的方法，抠出草丛中间部分，促进水草横向生长，增加覆盖面积；高温季节到来之前，要及时做好“割头”、开通道等工作，防止伊乐藻疯长浮出水面；高温季节及时捞出漂浮于水面的水草，避免腐烂；针对轮叶黑藻，要勤观察，及时发现虫害并视情况杀虫 1～2 次。

（5）水质管理　勤巡塘，观察河蟹摄食、水质变化、水草生长、青苔、蓝藻等情况，并有针对性地及时处理。主要采用 EM 菌、乳酸菌、小球藻等微生态制剂进行调水，经常使用 EM 菌、乳酸菌拌饲料投喂；添加新水和降雨前使用免疫多糖和维生素 C，增强河蟹免疫力，之后用有机酸解毒，强降雨之后及时抽掉新增部分池水，以避免水草无法进行光合作用而败坏；定期监测常规水质指标。

2. 养殖特点

（1）高温期投喂配合饲料易引发蓝藻暴发，需要适当增加调水改底的频率，建议选用优质配合饲料。

（2）配合饲料颗粒较小，投喂时要全池抛撒，尽量均匀，提高饲料利用率。

3. 养殖中遇到的问题及解决方法

清除颗粒饲料投喂模式下的野杂鱼。配合饲料容易被野杂鱼摄食，因此清塘要彻底，进水时注意过滤，并及时杀灭鱼卵，同时可以套养一定比例的鳜，限制野杂鱼生长。

五、上市和销售

平均上市规格 145 克/尾左右，选择销售给初级收购商。全程使用配合饲料养殖的河蟹，相对于喂冰鱼的河蟹，更适合囤养，后期死亡率低，可以在 12 月底直至春节前，选择市场行情较好时上市。注意在围养过程中仍然要投喂一定量的饲料，定期检测水质指标，水质恶化时采取少量多次换水的方式加以改善。

第六节　绿色高效养殖实例六

——河蟹“特大面积池塘”养殖模式

一、基本信息

养殖户彭日，有多年的大池塘河蟹养殖经验，是当地河蟹养殖名人，具有丰富的养殖经验和技术。养殖池塘位于江苏省盐城市建湖县建阳镇李庄村，养殖面积 295 亩，附近水资源丰富，污染少，当地有着多年的大池塘河蟹养殖历史。养殖户擅长河蟹“特大面积池塘”养殖模式，即单个池塘面积在 50 亩以上 400 亩以下，亩放 900 只中等规格扣蟹（110 只/千克），亩产河蟹达到 100 千克左右，亩产值达 1 万元以上，亩效益达 5 000 元以上。

二、放养与收获情况

1. 放养情况

2018 年 2 月 25 日，放养“长江 1 号”扣蟹，一次性放完，亩均放养规格为 110 只/千克的大规格扣蟹 900 只，2 尾/千克的鲢、鳙 25 尾。5 月中下旬，每亩投放规格为 5 厘米长的鳜鱼苗 15 尾左右。

2. 收获情况

2018 年 11 月 18—30 日，进行测产，塘口面积 295 亩，现场打样 60 只，总重 8.974 千克，平均规格 146.6 克。其中，雌蟹 30 只，重 3.918 千克，均重 130.60 克/只；雄蟹 30 只，总重 5.056 千克，均重 168.53 克/只。干塘后统计，亩均产量 105 千克，回捕率 78%，亩均回捕量 702 只（表 4-6）。

表 4-6　放养与收获

养殖品种	放养			收获				
	放养时间	放养规格（只/千克）	亩均放养量（只）	时间	规格		亩均产量（千克）	亩均回捕量（只）
					雄蟹（克/只）	雌蟹（克/只）		
河蟹“长江1号”	2月25日	110	900	11月18—30日	168.53	130.60	105	702

三、养殖效益分析

由该模式2018年干塘捕捞后统计数据可知，当年亩投入成本达5 010元。其中，塘口租金900元/亩，苗种538元/亩，饲料费1 628元/亩，水电163元/亩，螺蛳成本550元/亩，有机肥200元/亩，微生态制剂200元/亩，水草339元/亩，其他492元/亩。当年亩总产值达10 290元，亩利润达5 280元/亩。

四、经验和心得

1. 养殖技术要点

（1）合理搭配养殖　为提高池塘水体利用率，改善池塘水生动物种群结构和控制野杂鱼，2—3月亩均放养规格为2尾/千克的鲢、鳙25尾，5月中下旬每亩投放规格为5厘米长的鳜鱼苗15尾左右。

（2）种植多品种水草　改变过去种植单一的苦草为伊乐藻、苦草、轮叶黑藻套种，以满足河蟹整个生长期对水草的需求。养蟹水体大量种植沉水植物（轮叶黑藻、伊乐藻等），利用水草脱氮、脱磷，净化水质。

（3）移植螺类等底栖动物　分批投放螺蛳，清明前投放密度为150千克/亩，5—6月再投100千克/亩，投放时要均匀撒开。

（4）使用微生态制剂调水　在种植水草实行生态养殖的基础

上，配合使用微生态制剂，如光合细菌、芽孢杆菌等，净水改底、增加溶解氧、护理水草、减少病害。通过修复水体的生物，改传统养殖为生态养殖。

（5）配备微孔增氧机　每亩配备微孔增氧机 0.2～0.5 千瓦，配置微孔管道 40～50 米，总供气管道采用 PVC 管，直径为 60 毫米以上，支供气管为微孔橡胶软管，直径为 12 毫米。

2. 养殖特点

（1）选购优质健康扣蟹是关键　扣蟹质量的好坏，直接影响仔蟹培育的结果，也是以后成蟹养殖成败的关键之一，所以要尽可能用长江水系的亲蟹进行人工选育繁殖扣蟹。选购扣蟹时，一定要注意把好质量关，主要有 5 个方面标准：种源好、色泽好、活力强、规格齐、无断肢。

（2）扣蟹药浴　多年来，河蟹养殖发病率高，其中忽视扣蟹药浴也是一个重要原因。这是由于扣蟹本身可能携带有细菌和病毒，加上养殖环境中病原体显著强化，特别是甲壳类养殖动物池中弧菌量高，遇到天气变化或环境适合弧菌繁殖时就会造成扣蟹死亡，或影响扣蟹的体质。采用蛋氨酸碘（每升水体有效碘 0.3 毫克）药浴 20～30 分钟是简单有效的方法，且安全度高。经药浴的扣蟹成活率明显提高，且病害少，养殖过程安全。

3. 养殖中遇到的问题及解决方法

（1）河蟹出现“弹簧腿”的防治　“弹簧腿”就是养殖户对河蟹在较低温度和池塘水体偏酸性或缺钙情况下，在上市季节软壳软腿的形象化称谓。这样的河蟹暂养、运输成活率低，黄少壳空，肉少水多，口味差，品质低，造成销售难、价格低，严重影响养殖效益。

防治方法：①河蟹养殖水质以弱碱性为宜，pH 控制在 7.2～8.0；②使用生石灰清塘消毒并补充钙质、调节水体酸碱度；③严格控制水草覆盖率不超过 60%，避免遮挡太多光照，水草间要有间隙，有利于提高水温；④严格控制水位维持在 50～80 厘米，不宜过深，从而保持较适宜的温度；⑤地下水需要经增氧暴晒提温后方可入池。

（2）暴雨后水色变为红水的原因和解决方法　暴雨之后，部分蟹塘水色由绿色转为红色，即养殖户常说的铁锈水，主要是由甲藻暴发性生长导致的。甲藻极易产生甲藻毒素。

解决方法：①使用有机酸（如腐殖酸钠）对水体进行解毒，解除水体中的甲藻毒素；②培菌抑藻，通过 EM 菌等微生态制剂产生的有益菌群抑制甲藻等有害藻类；③及时换水，同时使用沸石粉解毒净化水质，再重新培藻。

（3）生殖蜕壳期的投喂　到了 8 月末螃蟹开始集中蜕壳，这时养殖户都会加大投喂量，想让河蟹吃得多、长得大。但是并不是投喂越多，河蟹就一定长得越大。投喂过多容易破坏水质、底质，让河蟹肠胃负担加重，反而易得肠炎。

解决方法：①补充提高免疫力的 EM 菌，协助河蟹肠胃消化并且可治疗肠炎；②保存好饲料，不投喂发霉变质的饲料或冰鲜鱼；③控量提质，转喂高蛋白的育肥料或投喂海产冰鲜鱼，搭配玉米等植物性蛋白，营养更充足；④内服维生素可以增强体质，预防发病。

五、上市和销售

“特大面积池塘”养殖模式生产的河蟹规格适中，规格和价格都更易被普通市民接受，主要走大批量生产路线，通过多个养殖户牵头成立的大池塘生态养蟹合作社与经销商签订协议，保障河蟹收购价格的稳定，并且做到足不出户即可销售河蟹。

第七节　绿色高效养殖实例七
——蟹种绿色高效养殖模式

一、基本信息

养殖户董建昌，南京建昌水产养殖专业合作社，养殖地点位于南京市浦口区星甸镇后圩村，周边是万亩河蟹养殖产业园，养殖水源为滁河水。具有 20 年养殖经验，长期从事“长江 1 号”“长江 2 号”蟹种规模化培育，蟹种培育池面积 110 亩，培育的蟹种除可满足自身及本地养殖需求外，还远销苏州、安徽、湖南等地，示范效果良好。

二、放养与收获情况

2018 年 5 月 12 日放养蟹苗，蟹苗规格整齐，活力好，每亩放苗 1.6 千克。当年 11 月下旬陆续开始捕捞销售蟹种，平均规格大，为 134 只/千克，均一度高，当年蟹种基本以订单形式销售（表 4-7）。

表 4-7 放养与收获

养殖品种	放养			收获		
	时间	规格（万只/千克）	亩放养量（千克）	时间	规格（只/千克）	亩产量（千克）
“长江 2 号”蟹种	2018 年 5 月 12 日	16～20	1.6	2018 年 11 月 20 日至 2019 年 3 月 20 日	134	255

三、养殖效益分析

该模式 2018 年亩投入达 9 187 元。其中，塘租成本 1 000 元/亩，苗种费 1 000 元/亩，饲料费 5 610 元/亩，微生态制剂 350 元/亩，人工成本 1 227 元/亩。当年实现亩产值达 20 400 元，亩利润 11 213 元。

四、经验和心得

1. 水草种植

环池四周移栽带状水花生，离岸边 1～1.5 米，水花生移栽面积约占池塘净水面积的 50%。在高温季节，勤给水花生“翻身”，水草控制得当。

2. 饲料投喂

Ⅰ期仔蟹至Ⅱ期仔蟹，按 0.5 千克/亩投喂蛋白质含量为 42%的 0 号开口破碎料；Ⅲ期仔蟹后按 1.5 千克/亩投喂 1 号破碎料。Ⅰ期幼蟹至Ⅲ期幼蟹，按 3 千克/亩投喂蛋白质含量为 38%的颗粒饲料；Ⅳ期幼蟹至Ⅴ期幼蟹，按 4 千克/亩投喂蛋白质含量为 32%的颗粒饲料；Ⅴ期幼蟹之后，随气温下降，投喂量降为 1.5 千克/亩，下午投喂 1 次。

3. 越冬管理

越冬前，强化投喂冰冻野杂鱼等动物性饵料。保持池水水位 1 米以上，确保底层一定的水温，注意及时破碎结冰，防止蟹种缺氧。

4. 定点繁苗

采取“自供亲本、委托繁苗”的方式，每年养殖户自己定点选取河蟹亲本，委托合作育苗单位，繁殖关键期时派技术人员现场查看，确保苗源正宗和保质保量，从种源上确保高产高效。

5. 科技支撑

积极开展与江苏省淡水水产研究所河蟹团队、当地水产技术推广站的紧密合作，争取科技支持和技术指导，为养殖场的长期向好奠定了良好基础。

五、上市和销售

1. 自育自养

自己培育的蟹种满足自己 1 000 亩成蟹养殖的需求，既保证了蟹种质量，也有效降低了成蟹养殖风险和成本，提高了综合效益。

2. 提供养殖系列服务

为购买蟹种的养殖户提供力所能及的技术服务和难题咨询，并对客户进行有效的信息追踪和记录，形成了一定的客户黏性，因此培育的蟹种基本处于供不应求的状态。

3. 口碑相传

蟹种直接影响成蟹养殖收益，因此养殖户选购蟹种都很慎重，一般通过熟人、品牌推荐，经过多年的客户维护和服务，建立了养殖户交流微信群，渐渐形成了一定口碑，也有效促进了蟹种的销售和质量的提高。

第八节 绿色高效养殖实例八

——河蟹"特大规格"高效养殖模式

一、基本信息

泗洪县耀华水产种业有限公司，位于宿迁市泗洪县石集乡新汴村。该基地为江苏省河蟹产业体系推广示范基地，总占地面积805亩。现建有河蟹新品种苗种培育区370亩、商品蟹养殖区400亩，主要开展"长江1号""长江2号"河蟹新品种苗种规模化培育示范、优质商品蟹高效生态养殖示范工作，年可培育优质蟹种1 000万只、生产优质商品蟹50吨。2018年，商品蟹池塘养殖400亩，共10面塘口，单面塘口面积40亩，池塘为环沟塘，环沟宽10米、深0.7米，坡比1∶2。每个塘口配备地下井1口，功率为1.5千瓦/台的水车式增氧机4台。

二、放养与收获情况

2018年3月20日，放养自育规格为110～170只/千克的蟹种，亩均放养900～1 200只。于2018年9月21日起捕上市，雌蟹平均规格167克，雄蟹平均规格238克，总产量5.25万千克，亩均产量131.25千克（表4-8）。

表 4-8 放养与收获

养殖品种	放养			收获		
	时间	规格（只/千克）	亩均数量（只）	时间	规格（克/只）	亩均产量（千克）
河蟹	2018 年 3 月 20 日	110～170	1 000	2018 年 9 月 21 日至 11 月 30 日	雌蟹 167 雄蟹 238	131.25

三、养殖效益分析

该公司 2018 年养殖亩投入成本达 7 199 元。其中，塘租成本 1 050元/亩，苗种费用 1 000 元/亩，颗粒饲料 406 元/亩，冰鲜鱼 1 488 元/亩，螺蛳 575 元/亩，玉米 180 元/亩，微生态制剂 750 元/亩，水草 125 元/亩，水电 375 元/亩，人工 1 250 元/亩。当年亩产值 20 738 元，亩均利润 13 539 元。

四、经验和心得

1. 养殖技术要点

（1）放养前准备 严格执行“清塘→晒塘→解毒→栽草→消毒→解毒→肥水”程序中的每个步骤，重视清塘、用药消毒及解毒工作。

（2）筛选优质蟹种、放养密度适宜 根据养殖计划确定放养密度，如养大规格蟹，亩均放养量最好不超过 1 300 只，蟹种规格 120～170 只/千克，亲蟹母本 175 克/只以上，亲本大小影响河蟹蜕壳后的体重翻倍率，特别是第 5 壳时比较明显。

（3）水草品种多元化、布局合理、适时稀疏 滩面四周距离沟边 5 米处设置隔离围网，围网内面积占池塘面积的 40%～60%。围网外滩面及环沟栽伊乐藻；围网内栽种轮叶黑藻和苦草，少栽或不栽伊乐藻。

（4）强化饵料投喂 全程投喂粗蛋白质含量为 40%～43%的

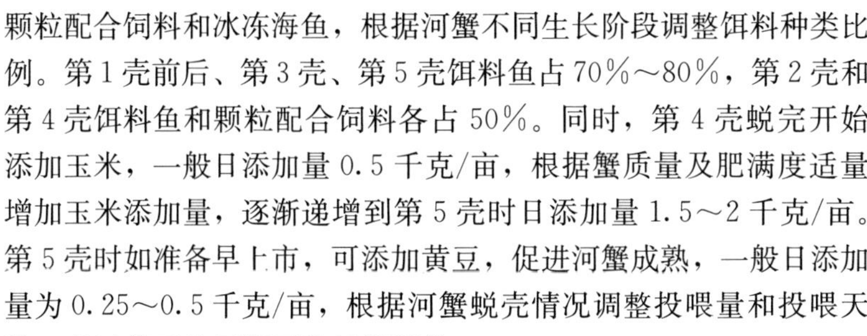

颗粒配合饲料和冰冻海鱼，根据河蟹不同生长阶段调整饵料种类比例。第1壳前后、第3壳、第5壳饵料鱼占70%～80%，第2壳和第4壳饵料鱼和颗粒配合饲料各占50%。同时，第4壳蜕完开始添加玉米，一般日添加量0.5千克/亩，根据蟹质量及肥满度适量增加玉米添加量，逐渐递增到第5壳时日添加量1.5～2千克/亩。第5壳时如准备早上市，可添加黄豆，促进河蟹成熟，一般日添加量为0.25～0.5千克/亩，根据河蟹蜕壳情况调整投喂量和投喂天数，喂过黄豆的河蟹不能长期暂养。

（5）做好环境营造　①改底。第1～2壳时蟹在环沟内，滩面未上水，每15～20天用过硫酸氢钾复合盐改底1次，第3壳时水位加至滩面30～40厘米，每7～10天改底1次，后期视情况每3～5天改底1次。②有益菌调水。全程正常使用乳酸菌、芽孢杆菌、EM菌等微生态制剂调节水质，每3～5天选择晴好天气交替使用1次，不可与消毒剂、杀虫剂同时使用。

（6）做好病害防控　①抗应激。蟹种放养前1小时或提前半天全池用维生素C或葡萄糖等抗应激产品，养殖过程中如遇降温、大风、暴雨等天气变化应提前做好抗应激工作。②消毒。蟹种下塘3～5天后全池用碘制剂消毒，养殖全程每10～15天用碘制剂消毒1次。③内服免疫增强剂，提高河蟹免疫能力。全程使用黄芪多糖拌料内服，6—8月饵料投喂高峰期同时拌三黄粉和大蒜素，每隔1周连续喂1周或3～4天。④加强补钙。每次蜕壳后的水体都需补充钙离子，正常蜕壳前、蜕壳高峰期、蜕壳后1周内分别补1次，特别是第5壳时可增加补钙频率。

2. 管理心得

强调计划和执行力，结合每天巡塘、天气、水质情况，制订翌日管理方案。

3. 养殖中常见问题及解决方法

（1）早期肥水难　一般早期因水温低肥水较困难，可采取黄腐酸钾、腐殖酸钠、氨基酸肥水膏合用，第1次加大用量，第2次起正常用量，同时增加肥水频率。一定要定期持续肥水，以维持水体中相对稳定的“藻相”和“菌相”。

（2）伊乐藻高温季节易腐烂　许多以伊乐藻为主的塘口，高温期会出现漂草、烂草现象。首先，分别于蟹种放养前、第2次蜕壳前、5月3个时间段分批栽种伊乐藻。其次，根据水草长势及时割草头，割草头应分片交替割，并根据河蟹计划上市时间及时打捞稀疏。伊乐藻不能过于密集，应呈团簇状，不连片、不封行。同时，及时捞除水面断根漂浮的水草，防止腐烂影响水质。如草头挂脏，可合用黄腐酸钾、腐殖酸钠、EM菌，直接泼洒在草头上。

五、上市和销售

采取“高举高打”的模式，由于常年从事河蟹新品种繁育种工作，泗洪县耀华水产种业有限公司积累了饲料、动保产品、销售市场等产业链内优质资源，具有一定口碑和技术引领作用，河蟹基本以礼盒或经外贸等销往高端市场，产品溢价较高。

第九节　绿色高效养殖实例九
——河蟹高效高产养殖模式

一、基本信息

养殖户马明保，具有20年河蟹养殖经验，养殖池塘位于江苏省宿迁市泗洪县临淮镇临淮居村，池塘养蟹面积8亩，为环沟塘，环沟深50厘米，沟宽10米，配备微孔增氧设备。

二、放养与收获情况

2018年3月7日，放养当地培育规格为120～140只/千克的蟹种，8 亩池塘共放 150 千克蟹种，亩均放养 2 500 只；于 2018 年 12 月 5 日共起捕成蟹 1 700 千克，雌蟹平均规格 100 克/只，雄蟹平均规格 150 克/只，亩均产量 212.5 千克，进网箱暂养。2019 年 1 月 28 日开始销售，共销售 1 600 千克，暂养成活率 94%。2018 年 5 月 10 日，放体长 5 厘米的鳜鱼苗 80 尾，亩均放 10 尾，待河蟹起捕销售完毕后共捕获 72 尾，总重 36 千克，平均规格 500 克/尾，回捕率 90%（表 4-9）。

表 4-9　放养与收获

养殖品种	放养			收获		
	时间	规格	亩均数量	时间	规格	亩均产量
河蟹	2018 年 3 月 7 日	120～140 只/千克	2 500 只	2018 年 12 月 5 日	雌蟹100克/只 雄蟹 150 克/只	212.5 千克
鳜	2018 年 5 月 10 日	5 厘米/尾	10 尾	2019 年 2 月	500 克/尾	2.25 千克

三、养殖效益分析

该养殖户 2018 年亩投入成本 8 312 元。其中，塘租成本 1 200 元/亩，苗种费 1 375 元/亩，饲料 4 875 元/亩，微生态制剂 300 元/亩，水电费 250 元/亩，其他 312 元/亩。当年亩产值达13 600 元，亩均利润达 5 288 元。

四、经验和心得

1. 养殖技术要点

（1）清塘要彻底　塘内一直暂养河蟹，没有时间晒塘，主要用漂白粉杀菌消毒和用杀鱼药品清杀杂鱼，漂白粉用后 20 天方可放蟹。

（2）蟹种质量一定要好　体质健壮，规格最好为140～160只/千克。

（3）控制好水位，栽好水草，保持伊乐藻不出水面　清塘后开始栽伊乐藻，“小簇密栽”，草簇直径约10厘米，株行距1米。早期保持浅水位，滩面水深20～30厘米，6月中下旬再慢慢加水，始终让草在水下20厘米，利用水位控制水草长势，养殖全程无须割草头。

（4）全程投喂精饲料，以颗粒饲料为主，小鱼为辅　早期投喂蛋白质含量为45%的颗粒饲料，第1壳后投喂蛋白质含量为40%的颗粒饲料。第5壳以后，添加生玉米，8亩池塘每天加25千克玉米，当水温10℃以下时停喂。如果全程投喂小鱼，河蟹质量更好，暂养成活率高。如有条件最好投放螺蛳，在清明前每亩放250千克左右，后期再每亩补放250千克。

（5）注重水体增氧　配备微孔增氧机，从6月底7月初开始，每晚10：00到翌日7：00开机增氧，阴天全天开机。

（6）做好肥水、调水、改底、补钙等工作　第1壳前一定要肥水，降低蜕壳死亡率，提高蜕壳后的体重翻倍率；平时定期用EM菌调水，每10天左右用1次，前期用芽孢杆菌，高温时用光合细菌；若发现水有问题应立即用EM菌调水，连续2次；每10天改底1次；每次蜕壳前后应补钙。

（7）寄生虫防控　起捕前杀1次纤毛虫，11月底12月初进网箱暂养，暂养阶段不投喂。但要注意调水，防控青苔和纤毛虫。

2. 养殖特点

（1）管理勤快　管理上一定要勤快，舍得投本，养好品质的蟹。

（2）稳定高产　“高产、价格稳”是该模式的特点。大规格河蟹市场价格波动明显，对养殖效益影响较大。该模式以稳定的技术获得稳定的产量，目标规格为大宗消费的平均规格，市场波动较小，效益较为稳定。

3. 养殖中遇到的问题及解决方法

蓝藻问题属于养殖过程中常见的问题。发现有产生蓝藻的迹象，应立即用有益菌压制。

五、上市和销售

1. 市场预期平稳

该模式养殖目标规格为公蟹平均150克/只，母蟹平均100克/只，大众市场消费需求旺盛，价格平稳，效益相对稳定。

2. 囤养利润大

公蟹平均150克/只、母蟹平均100克/只。生产实践证明，该规格的河蟹暂养损耗率低，如囤养至春节前后，销售规格翻倍，同时形成与大规格蟹错峰销售，而且均为经纪人到塘口定点收购，省去集中上门市销售的烦琐和成本。该模式利润空间巨大，但同时由于对暂养技术要求高和春节市场行情波动，具有一定风险性。

第十节 绿色高效养殖实例十
——“稻蟹”综合种养模式

一、基本信息

1. 养殖户及养殖模式

赵春雨，公主岭市蓝谷水产养殖农民专业合作社负责人，合作社位于吉林省公主岭市南崴子镇南崴子村，水稻面积300余亩。在稻田中养殖河蟹（成蟹），采取“分箱式”＋“双边沟”稻蟹共养模式，养殖面积30亩，共15个小型稻田。

2. 合作社简介

公主岭市蓝谷水产养殖农民专业合作社于2016年开始进行河

蟹的稻田综合种养，2018 年获得全国稻渔综合种养优质渔米评比“绿色生态奖”。2019 年该合作社与高校、推广部门密切合作，建立教学、科研、生产综合体，并被评定为吉林农业大学教学实践基地和吉林省水产技术推广总站试验示范基地。合作社现拥有“吉蟹”牌蟹田大米，于 2019 年 9 月又申请了“吉米吉蟹”大米品牌和“米多蟹多”稻田河蟹品牌。

二、放养与收获情况

2019 年 4 月 14 日，购进规格为 120～160 只/千克的蟹种，选择“光合 1 号”河蟹新品种，经集中暂养后于 2019 年 6 月 20 日投放稻田，放养时规格为 60～80 只/千克，每亩放养 400 只蟹种，于 2019 年 9 月 10 日开始捕捞收获，亩均产量达 15.1 千克（表 4-10）。

表 4-10　放养与收获

种养品种	放养		收获	
	时间	规格	规格	亩均产量
蟹种	2019 年 6 月 20 日	160 只/千克	75 克/只	15.1 千克
稻种	2019 年 4 月 14 日	—	一级粳稻	540 千克

三、养殖效益分析

2019 年采取“稻蟹”综合种养模式，30 亩共投入成本 67 400 元，亩成本为 2 247 元。其中，土地租金 667 元/亩，苗种 80 元/亩，饲料 207 元/亩，微生态制剂 7 元/亩，人工 666 元/亩，水电 100 元/亩，水稻种植成本 520 元/亩。当年河蟹亩产值达 903 元，水稻亩产值 3 467 元，当年亩利润达 2 123 元。

四、经验和心得

1. 选田很重要

选保水性能好，遇旱不干，大雨不淹的稻田。

2. 田间工程改造

（1）筑田埂　田埂夯实，高 50～70 厘米，顶宽 50～60 厘米，底宽 80～100 厘米。

（2）挖田沟　在泡田耙地前，距田埂内侧 60 厘米处挖环沟，沟宽 80～120 厘米，沟深 60～80 厘米，田沟面积占田块面积不超过 10%。

3. 蟹种放养

（1）放养时间　一般是 6 月上旬放养。待施完水稻分蘖肥后，把扣蟹放入稻田。

（2）放养密度　400 只/亩，规格 60～80 只/千克。

4. 田间水量及水质调控

（1）放养初期，田面水位保持在 10 厘米以上。高温季节，田面水位保持在 20 厘米，每周换水 1 次。

（2）每次换水量为总水量的 1/3。具体根据田内水质情况决定换水次数及比例，换水时间控制在 3 小时内，稻田内水温变化不超过 5℃，一般先排水再进水。

（3）每 20 天左右用生石灰调节水质 1 次，生石灰用量为 5～8 千克/亩，盐碱地应用微生态制剂调节水质。

5. 蟹田施肥

不能把化肥直接洒在蟹沟内，稻田施肥适宜少量多次，每次施肥量不能超过 5 千克/亩。

五、上市和销售

根据北方河蟹上市较早的特点，公主岭市蓝谷水产养殖农民专业合作社于 2019 年 9 月上旬开始捕蟹，在中秋之前上市，河蟹礼盒价格相对较高，并通过实体店、微商、网络新媒体、网红等进行销售，河蟹平均价格在 60 元/千克左右。

第十一节　绿色高效养殖病害防治实例一

——病毒性病害防治实例

一、基本信息

养殖户杨金凤，养殖池塘位于江苏省泰州兴化市昌荣镇存德村，3 个池塘面积共 70 亩，采用河蟹和小龙虾套养模式，河蟹苗种投放量为 1 200 只/亩，小龙虾苗是 2018 年留塘的自然繁殖虾苗。

二、病害发生情况

2019 年 6 月初开始零星死亡，先期死亡品种以小龙虾为主，河蟹死亡量很少。随着病程的发展，死亡数量逐渐增多，死亡品种中小龙虾和河蟹占比约 4∶1。其间，使用底改剂、杀菌渔药等进行人为干预治疗。7 月初，病情持续加重，每天虾蟹死亡量达到 100 千克。

三、病害诊断

1. 环境检查

养殖池塘采用微孔增氧，水体能见度超过 1 米，下风口无“水华”，水体状况良好，水草生长良好。

2. 体表检查

死亡河蟹和小龙虾，体色正常，体表无腐壳、烂肢、烂眼等典型发病特征（图 4-4）。

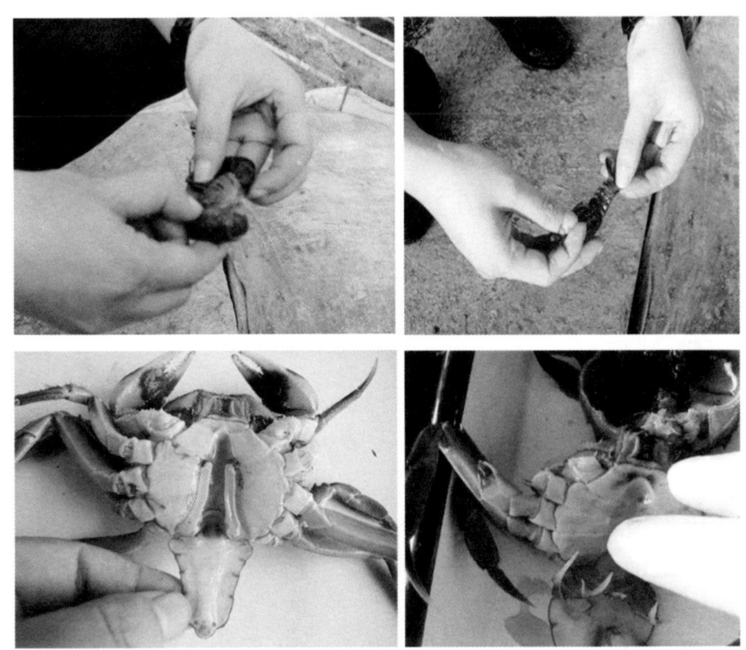

图 4-4 体表检查

3. 解剖检查

死亡河蟹和小龙虾，鳃组织完整，无烂鳃、黑鳃等症状，肝胰腺颜色、形态正常，肠道空肠或只有少量食线存在，肠道无炎症。

4. 实验室检查

主要筛查了对虾传染性皮下及造血器官坏死病、白斑综合征、河蟹颤抖病等病病原。其中，白斑综合征病毒在河蟹和小龙虾体内检测结果均为强阳性。综合分析诊断为白斑综合征病毒感染发病，引起河蟹和小龙虾大量死亡（图 4-5）。

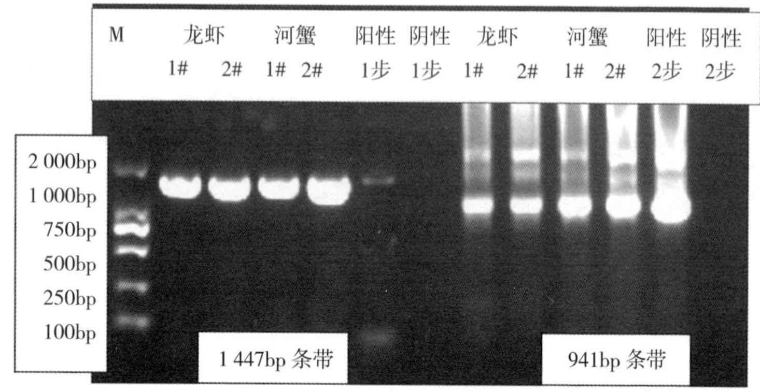

图 4-5　实验室电泳检测

四、防治措施

鉴于当前针对病毒无有效的治疗药物，也就意味着病毒病无法直接通过药物治疗，因此养殖户采取了以下几点措施。

1. 减少交叉传染，降低密度

加强管控，及时捞出病死虾蟹，防止病原交叉污染，防止病死体腐烂败坏水质；考虑养殖水体承载力，降低养殖密度，减少小龙虾存塘量，提高池塘自我修复能力，为养殖河蟹和小龙虾提供更为优越的生存环境。

2. 消毒并改善环境

使用碘制剂（或其他同等效果的制剂）进行水体消毒，切断传播途径。使用过硫酸氢钾复合盐，主要起到水体解毒、降低养殖动物应激反应、改底、稳定水相等作用。

五、防治效果

采用强化捕捞降低小龙虾密度，及时捞出病死虾蟹，向水体泼洒消毒和底改药剂等方法，1 周后，小龙虾存塘量大大降低，病情得以稳定，河蟹停止死亡。

第十二节 绿色高效养殖病害防治实例二
——用药不当致养殖失败案例

一、基本信息

养殖户梁正林，养殖池塘位于江苏省南京市浦口区星甸街道后圩社区，1 个池塘面积 25 亩，采用单品种河蟹养殖模式，河蟹苗种投放量 2 500 只/亩，养殖全程无增氧措施。

二、病害发生情况

2019 年 8 月 9 日，台风“利奇马”过后，河蟹开始出现少量死亡，每天死亡量 10～20 只。8 月中旬，水体出现蓝藻后，使用硫酸铜、硫酸亚铁合剂进行蓝藻灭杀，用药时间为凌晨 4：00 左右，灭杀蓝藻后河蟹死亡数量大大增加，死亡持续 10 天左右，每天可见 200～300 只死亡河蟹浮于下风口水面。

三、病害诊断

1. 环境检查

养殖池塘中心处可见苦草，面积占全部水面的 10%左右，养殖水深 2.5 米左右，下风口有少量蓝藻和漂浮的苦草，水面有厚厚一层“泡沫油漆”状悬浮物（图 4-6）。

2. 体表检查

死亡河蟹体色正常，体表无腐壳，无烂肢、烂眼等典型发病

图 4-6 水体环境恶化导致河蟹上岸

特征。

3. 解剖检查

死亡河蟹鳃组织不完整，黑鳃，部分鳃组织只剩下鳃骨架，肝胰腺颜色、形态正常，肠道空肠或只有少量食线存在，肠道无炎症（图 4-7）。

图 4-7 发病河蟹体征检查

综合分析诊断为池塘养殖密度过高，台风过后因水体环境剧烈变化，发生应激反应，出现少量死亡。使用硫酸铜、硫酸亚铁合剂杀灭蓝藻时间不当，导致用药后大量河蟹出现死亡。杀灭蓝藻的过程需加大增氧，其池塘不仅无增氧设施，还选择在凌晨 4：00 用药，此时间是池塘水体溶解氧最低的时候。

四、防治措施

1. 增加水体溶解氧

因高密度养殖、大量投喂、管理不当，加上高温天气，产生氧债，通过增加水体溶解氧，加快水体中有害物质分解，消除水体氧债。鉴于其塘口无增氧设备，建议其使用化学增氧剂。

2. 使用碘制剂进行水体消毒

河蟹死亡时间已较长，留存活着的河蟹抵抗力也相应会出现下降的情况，加之水体环境恶化，大量微生物繁殖，通过水体消毒，可以有效减少因微生物繁殖引起的继发感染。

3. 使用底质改良剂

分解池底过多的有机质，减少底层有毒有害物质的积累。

4. 减少饵料投喂

水体溶解氧低、河蟹摄食减少，可根据河蟹吃食情况进行适量投喂，防止剩余的饵料败坏水质。

5. 蓝藻处理

通过套放鲢、鳙等滤食性鱼类，以及适度肥水进行预防。蓝藻发生时，采用人工打捞清理、加水，培养并投放适量小球藻等有益藻类对蓝藻形成竞争压力等综合方法处理。高温季节慎用硫酸铜等化学药物除藻。

五、防治效果

由于该塘口病程已较长，大量河蟹死于底部，肉眼看到的为几天前死亡、腐烂后浮于水面的死亡个体，因此采取措施后 5 天还在维持每天 100～200 只的死亡量，大概 7 天后死亡量开始明显下降，15 天后死亡量维持在每天 10 只左右。

六、小结

每种预防、治疗方法都是单独的、固定的，但其使用是灵活的。使用过程中需相互组合利用，以产生更好的效果，良好的养殖效果和良好的养殖环境是相辅相成的。本案例发病或失败的根本问题在于高密度养殖且无增氧设备，忽视溶解氧对环境和水生动物的重要性，导致养殖风险剧增。

第五章 品蟹与加工

第一节　趣味品蟹

一、好蟹标准

（一）外形标准

生产的商品蟹达到“青背、白肚、金爪、黄毛”要求。

1. 外观

背面呈青色，腹部灰白色，黄毛金爪。背部覆盖一层坚硬的背甲，腹部共有 7 节，弯向前方，贴在头胸部腹面。雌成蟹腹部呈圆形（团脐），雄成蟹腹部为狭长三角形（尖脐），胸部的附肢包括 1 对大螯和 4 对步足。

2. 活力

背壳朝天时能迅速翻起，且横向爬行速度快（图 5-1）。

（二）品质要求

1. 鲜活程度

外壳及螯足、步足完整，色质清晰，无异物附着，行动敏捷。

2. 气味

具特有的腥鲜味。

3. 口味、滋味

煮（蒸）熟后，剥开背甲食用，鲜而不腻，肉质滑嫩，食后余

图 5-1　活力大闸蟹

香爽口，无异味。

（三）优质蟹标准

优质蟹品质的评价可用 5 个字概括："肥"——一星级，"大"——二星级，"腥"——三星级，"鲜"——四星级，"甜"——五星级。

1. 肥

背厚。可看腹部"开门"宽度。宽度越大，说明肥满度越高，性腺发育越好。

2. 大

雌蟹 150 克以上，雄蟹 200 克以上。

3. 腥

有一股特殊的蟹腥味。

4. 鲜

蟹肉鲜味浓，说明蟹肉中游离氨基酸多，鲜味氨基酸多。

5. 甜

蟹肉略带甜味，说明甘氨酸多。

二、挑选与保存

（一）挑选螃蟹的方法

螃蟹以鲜活为准则，挑选螃蟹要掌握以下几个诀窍。

1. 看色泽

新鲜活蟹的外壳呈青黑色，具有光泽，脐部饱满，腹部白洁；而垂死的蟹外壳呈黄色，蟹脚较软，翻正困难。

2. 看眼部

用手触摸其眼部，能快速缩入眼窝里，根本摸不着的最鲜；反之，则差。

3. 看螯足

1 对大螯（钳）、8 只步足（脚）不可少 1 个，因为缺脚的有可能会因为有伤口而使肉质变异，也会因为生理作用而使肥满度变差。

4. 看活力

将螃蟹翻转身来，腹部朝天，能迅速用螯足弹转翻回的，活力强，可保存；不能翻回的，活力差，存放的时间不能长。

5. 看肥满度

要看螃蟹的肥满度，先把螃蟹的“肚脐”打开，这个地方只要呈现出蛋黄色，就说明这只螃蟹的蟹黄很多；如果呈现白色，就说明螃蟹的肥满度较差。此外，在阳光下看看螃蟹盖的边缘是否透光，如果不透则蟹肉比较肥；否则，可能比较空，煮出来全是水（图 5-2、图 5-3）。

（二）家庭暂时保存螃蟹的方法

（1）活蟹可以放在冰箱冷藏保鲜，最好捆扎紧以减少活动损耗（不是冷冻室）。

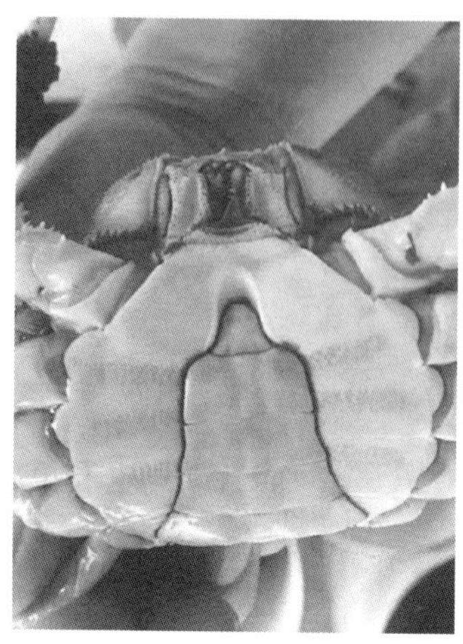
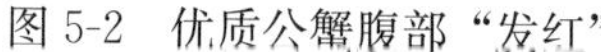
图 5-2　优质公蟹腹部“发红”

图 5-3　优质母蟹腹部“发红”

（2）活蟹也可以“干放”（不加水存放）在阴凉处，可用一个盆，把螃蟹放在盆里。盆中不能放水，盆上面用湿的水草或柔软的菜叶覆盖。这样不但能保证螃蟹的生存环境不干不湿，而且能让它获得充足的氧气。

（3）捆绑好的蟹也能加水存放，但切记水高不能盖过蟹背，让它可以在水面上呼吸。

提醒：以上 3 种方法可以暂时存储捆绑好的活蟹 1～2 周，但时间长后容易引起“蟹黄”“蟹膏”分解转化，影响口感，因此最好尽快食用。

三、品蟹方法

（一）蒸煮螃蟹的注意事项

螃蟹以清蒸最能保持原汁原味，但是在蒸煮螃蟹时，也须注意以下几点。

（1）蒸煮螃蟹时，一定要凉水下锅，这样蟹腿才不易脱落。

（2）在煮食螃蟹时，宜加入一些紫苏叶、鲜生姜，以解蟹毒，减其寒性。

（3）蒸煮时应将蟹捆住，防止蒸后掉腿和流黄。生螃蟹去壳时，先用开水烫 3 分钟，这样蟹肉很容易取下，且不浪费。

香草捆扎河蟹

（4）蒸煮螃蟹时，在水开后还要再煮 10～15 分钟，煮熟煮透才可以把蟹肉中可能存在的病菌杀死。

（二）品蟹注意事项

螃蟹含有丰富的蛋白质、微量元素等营养物质，对身体有很好的滋补作用。但吃蟹要记住以下禁忌。

1. 切忌生吃螃蟹，醉蟹尽量少吃

螃蟹往往带有肺吸虫的幼虫卵和副溶血性弧菌，如果不经过高温消毒，肺吸虫进入人体后会造成肺损伤。如果副溶血性弧菌大量侵入人体则会发生感染性中毒，表现出肠道发炎、水肿及充血等症状。因此，螃蟹要蒸熟蒸透，一般水开后再加热 10～15 分钟，以起到消毒作用。单用黄酒、白酒浸泡并不能杀死肺吸虫幼虫卵，所以醉蟹最好少吃。

2. 切忌吃死蟹，垂死的少吃

蟹体内含有丰富的组胺酸，螃蟹死后，僵硬期和自溶期大大缩短，蟹体内的细菌会迅速繁殖并扩散到蟹肉中去，螃蟹死的时间越长，体内积累的组胺和类组胺物质越多。人吃了死蟹后，组胺会引起过敏性食物中毒，类组胺会引发呕吐、腹痛、腹泻等，危害人体健康。

此外，存放的熟蟹极易被细菌侵入而污染，因此螃蟹宜现蒸现吃，不要存放，如果吃不完，剩下的一定要保存在干净、阴凉通风的地方，再吃的时候必须回锅再煮熟透。

3. 勿与茶水、柿子同吃

（1）到任何一家饭馆，一般上门一杯茶，但如果你要吃蟹，茶水还是免掉吧，吃蟹时和吃蟹后 1 小时内不要喝茶。因为开水会冲淡胃酸，茶会使蟹的某些成分凝固，不利于消化吸收，还可能引起腹痛、腹泻。

（2）蟹肥正是柿子熟时，而柿子性寒，注意不要与蟹同吃，因为柿子中的鞣酸等成分会使蟹肉蛋白凝固，凝固物质长时间留在肠道内会发酵腐败，会给胃黏膜造成损害，导致恶心、呕吐、腹痛、腹泻等症状。

（3）啤酒性寒，如果以啤酒搭配螃蟹，寒上加寒，容易引起腹泻，所以最好选黄酒或白酒等性温的酒类配螃蟹吃。

（三）吃蟹注意事项

1. 蟹胃勿食

蟹胃俗称蟹尿包，为背壳前缘中央似三角形的骨质小包，内有污沙。

2. 蟹肠勿食

即由蟹胃通到蟹脐的一条黑线。

3. 蟹心勿食

蟹心俗称六角板。

4. 蟹鳃勿食

即长在蟹腹部如眉毛状的两排软绵绵的东西，俗称蟹眉毛。

（四）品蟹配伍

1. 配食姜、醋

先找一块新鲜生姜洗净切丝，再加入一些醋（镇江香醋最好），也可以再放入一些糖，这样可以去除螃蟹的腥气（图 5-4）。

2. 吃膏喝姜茶

用铁钎把那一点白润的“凝脂”挑出入口，油腥异常，呷一小口姜茶，就可以化作满嘴馨香。吃蟹后如感到肠胃不适，可用姜片煮水，趁热饮用，有暖胃功效。

3. 配饮黄酒

“把酒持螯”向来是文人狂放不羁的形象。吃蟹配黄酒，可以

图 5-4　品蟹配姜、醋

借酒消除蟹的寒气。

四、河蟹绿色食品的要求

绿色食品河蟹的全程质量控制是从池塘到餐桌的全过程，生产中必须做到以下几点。

（一）对养殖场周围环境的控制

执行 NY/T 391 标准。河蟹养殖场周围环境要确保无物理、化学等污染源。如果河蟹养殖水面与农田、工厂或矿区相连，杀虫剂或其他化学物质必然会通过土壤等途径进入养殖水体，进而造成河蟹的化学污染。因此，要求养蟹水面位置适宜，远离污染源。

（二）对养殖水质的监控

工农业污水和生活污水，都可能带有过量的重金属、农药、病毒、细菌等，河蟹养殖场要远离这些潜在污染源，以避免水源受到污染。水源的水质应符合 NY 5051 标准。日常管理中，应每天都测定养殖水体的温度、pH、溶解氧、氨氮、硫化物等指标。通过水质分析和对污染物的组成、变化及污染物指标的监测，发现问题及时采取相应措施。

（三）对苗种安全的控制

育苗场在育苗过程中对饵料、药物、水质都要有严格的控制，尤其是在育苗过程中要禁用抗生素、孔雀石绿等药物。避免高温育苗、有亲缘关系的亲本繁殖。在苗种的放养上，要求选择规格一致、无病害、无伤残的优良苗种。

（四）对饲料管理上的控制

执行 NY/T 471 标准。饲料是否符合绿色食品标准直接影响到养殖河蟹的安全性。要把好饲料采购、投喂关，密切关注饲料生产企业的原料来源、配方、加工操作。储存饲料的场所要干燥、通风，做好防鼠防虫工作，注意保质期。

（五）对药物使用的控制

执行 NY/T 755 标准。杜绝禁用的药物或添加剂，限用的药物不能超标，严格执行休药期制度。养殖中可选择高效、长效、速效、低毒、低残留的渔药，多选用中草药、微生态制剂、水质改良剂等生态药物。对用药的原因、种类、休药期、用药人等都应有完整的记录。

（六）建立养殖生产日志制度

每个塘口都要有《绿色食品河蟹养殖档案》，对塘口清整、苗种放养、水质状况、饲料及渔药使用、捕捞和销售等都要求进行详细记录，并明确专人定期检查，建档保存。

第二节　河蟹加工制作

一、家庭简易加工

河蟹基本以活体销售，食用方法以鲜活蒸煮为主，并且由于河蟹富含蛋白质和不饱和脂肪酸，容易腐败变质，产生组胺等有害物质，不利于直接保存。因此，家庭可掌握些简易的河蟹加工方法，便于河蟹保存、增加品蟹的多样性。目前，深受消费者喜爱的螃蟹加工食品系列有香辣蟹、醉蟹、鲜味蟹脚、蟹黄粉、蟹黄汤料、蟹黄酱、蟹肉速冻食品。

（一）蟹肉熬制存储

1. 蟹肉制备

剥取蟹肉的方法是挑选清水活蟹，用手抓住一侧蟹腿，在水中刷洗，至水清为止，用细麻绳将蟹捆扎牢固，放在蒸锅上蒸 20 分钟，至外壳呈橘红色，离火冷却。

2. 剥蟹螯肉

将蟹螯掰下，面朝上放在案板上，用菜刀顺长一切为二，再用不锈钢片自制的蟹剔刀将肉拨出。

3. 剥蟹腿肉

将蟹腿掰开，切断蟹腿肢尖、根及连接腿端，再用小圆木棍擀出蟹肉。

4. 剔蟹盖肉

将蟹壳掰开，除去呈三角形的蟹胃，再拨出蟹黄。

5. 剥蟹身肉

先将蟹黄挖出，用菜刀将蟹身一切为二，将蟹鳃除去，将蟹肉拨出。值得注意的是，剥蟹肉前手和工具需严格消毒；蟹必须蒸煮熟透；取出的蟹肉不能与生食物混放在一起，以防串味变质。

6. 熬制储存

将剥出的蟹肉和蟹黄，放入炒锅内，加上适量姜末、精盐、料酒及适量清水。待水烧开后，放入干净的瓷缸中，加上刚熬热的猪油（以淹没蟹肉为度），冷却后，密封缸口，置于阴凉处，食用时，拨开猪油，挖出蟹肉，立即盖好储存。这种蟹肉，色、香、味不亚于鲜蟹，如储藏在冷库，可储至翌年鲜蟹上市之时。

（二）家庭简易制作醉蟹

选择人工养殖的螃蟹，先用竹篾圈在湖区内暂养 20 天，继而装入篾篓中饲养 7～10 天，待其肠胃内污物全部排尽，再取出在蒲包中干搁 5～6 天，并逐只刮毛和擦干水分备用。

1. 配料准备

加工 50 千克醉蟹需糯米酒 25 千克，精盐 8 千克，白糖 6 千克，生姜 4 千克，葱 4 千克，味精 400 克，花椒 200 克，八角 500 克，桂皮 500 克，茴香数百粒，红辣椒 20 只，橘皮 10 只，大曲酒 1.5 千克。

2. 制作卤液

炒锅烧热，放入花椒炒出香味后，加入清水烧沸，然后放入所有配料，自然冷却后成为醉卤液。

3. 醉制

将原料蟹在蟹脐上敷上适量花椒盐，然后投入缸中，用味道甜美可口的糯米酒徐徐浇入，干渴的螃蟹争先恐后地饱饮，直至酩酊大醉，封缸月余，即成醉蟹。

4. 装坛封存

先将瓷坛洗净消毒，把糯米酒和醉卤液倒入，再取出醉料蟹，逐只刷洗清洁，再一只一只地放入坛中，然后倒入大曲酒封面，盖上小盘子压紧，坛口上用牛皮纸或荷叶封盖并用细绳扎牢即可。加工全过程必须保持清洁卫生，不可沾上新水。

5. 醉蟹的储存

需长期储存的醉蟹在装坛密封前，在坛内滴上几滴麻油，既有助于隔绝空气，又能增加醉蟹的风味。坛或瓶装醉蟹如暂不上市，须置于阴凉通风处，最好放在 10℃以下的阴凉通风处。

二、香辣蟹加工

（一）工艺配方

1. 工艺流程

清洗→验蟹→剪脚→清洗→油炸→烧煮→包装→成品。

2. 调味配方

活蟹 10 千克、饮用水 5 千克、香辣酱料（茴香、草果、白芷、香叶、辣粉、生抽、鸡精、食用盐、花椒、干辣椒、绵白糖、豆瓣酱）5 千克。

（二）加工操作流程

1. 第 1 次清洗

选择规格大小相似、活力较好的河蟹，放入暂养池净养 48 小时后，再放入清洗池微孔增氧静养 2 小时（图 5-5）。

2. 验蟹

挑选符合品质及活力要求的蟹放入冷藏库备用（图 5-6）。

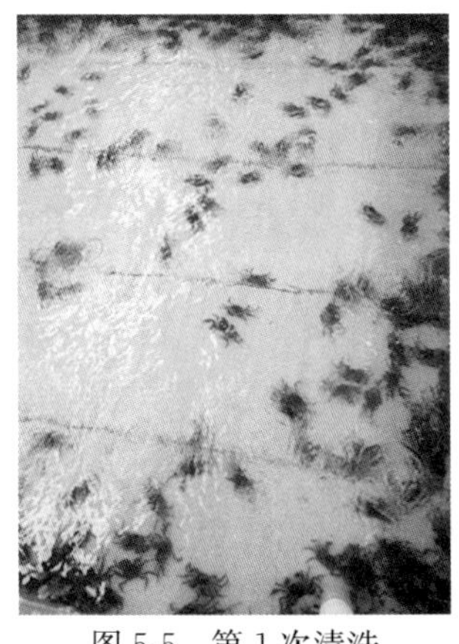

图 5-5　第 1 次清洗

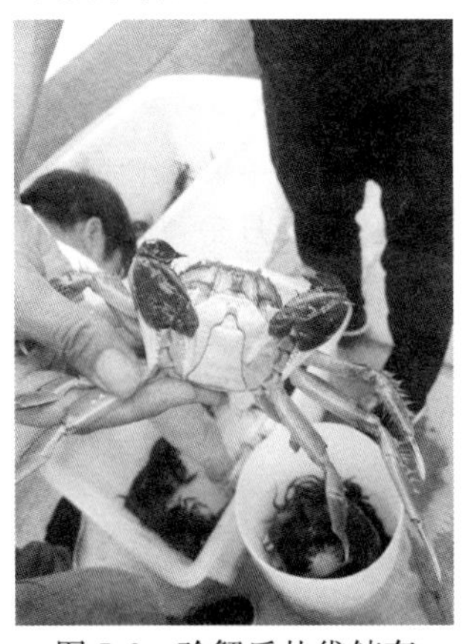

图 5-6　验蟹后扎袋储存

3. 剪脚

从冷藏库中取出备好的蟹，给活蟹剪脚，同时再剔除一遍死蟹（图 5-7）。

4. 第 2 次清洗

剪过脚后再次清洗，洗除血渍，沥干备用（图 5-8）。

图 5-7　剪　脚

图 5-8　第 2 次清洗

5. 油炸

将蟹放入油锅炸熟，油温控制在 180～200℃，油炸时间为 5 分钟左右（图 5-9）。

6. 烧煮

将油炸好的蟹倒入配好酱料的锅中煮至沸腾，捞出静置 2 小时（图 5-10）。

（三）包装、储存

按照国家熟食制品食品要求装盒封口，经急速低温冷冻后放入成品冷冻库保存（图 5-11、图 5-12）。

图 5-9 油 炸

图 5-10 烧 煮

图 5-11 包 装

图 5-12 成 品

三、熟醉蟹加工

（一）工艺配方

1. 工艺流程

清洗→验蟹→扎蟹→清洗→蒸蟹→浸泡→包装→成品。

2. 调味配方

活蟹 10 千克、饮用水 6 千克、鲜生姜 500 克、白豆蔻 20 克、香叶 45 克、花椒 150 克、八角茴香 85 克、草果 30 克、白芷 30 克、九制话梅 255 克、陈皮 300 克、花雕酒 9° 2 升、花雕酒 15° 4 升、糖 2 千克、冰糖 0.5 千克、生抽 2.5 升、豉油鸡汁 410 毫升、美极鲜 100 毫升。

鲜生姜、白豆蔻、香叶、花椒、八角茴香、草果、白芷预先加水煮 15 分钟后捞净，加入九制话梅、陈皮、花雕酒、糖、生抽、豉油鸡汁、美极鲜。

（二）加工操作流程

1. 第 1 次清洗

选择规格大小相似、活力较好的河蟹，先放入暂养池净养 48 小时后，再放入清洗池微孔增氧静养 2 小时。

2. 验蟹

挑选符合品质和规格要求的蟹。

3. 扎蟹

将蟹用白棉绳扎好，并放入冷藏库备用（图 5-13）。

4. 第 2 次清洗

从冷藏库里取出备好的蟹，用清水冲洗并再次剔除不符合要求的蟹（图 5-14）。

5. 蒸蟹

将蟹放入蒸箱（“六月黄”13～15 分钟，成蟹 18～23 分钟）蒸熟后冷却（图 5-15）。

图 5-13　扎　蟹

图 5-14　第 2 次清洗

6. 浸泡

将冷却的熟蟹放入事先准备好的料桶中浸泡 12～24 小时（图 5-16）。

图 5-15　蒸　蟹

图 5-16　浸　泡

（三）包装、储存

捞出泡好的蟹，去绳，装盒封口后再放入成品冷藏（冷冻）库保存（图 5-17、图 5-18）。

图 5-17　包　装

图 5-18　成　品

附录1 河蟹优质蟹苗生产企业

1. 射阳县朱平水产苗种有限公司（附图 1-1）

公司成立于2004年，位于射阳县射阳港海堤西侧，总占地面积1 700余亩，是全国较大的优质蟹苗规模化繁育企业之一，现作为江苏省河蟹产业技术体系河蟹新品种定点繁育单位，是江苏省淡水水产研究所河蟹新品种育繁推一体化产学研战略合作单位。公司现有标准化育苗土池450亩、生物饵料培育池1 200余亩、标准化砖混结构淡化池160个（淡化水体6 000米^3），生产

附图 1-1　朱平水产苗种有限公司

管理用房、微孔增氧系统、化验仪器设备、供电线路、生产性道路、进排水系统等育苗生产基础设施。公司长期依托江苏省淡水水产研究所、盐城工学院等科研院所的技术指导，主营水产新品种——中华绒螯蟹“长江 1 号”（登记号 GS-01-003-2011）、“长江 2 号”（登记号 GS-01-004-2013）的优质蟹苗规模化繁育，年产优质蟹苗 22 500 千克以上，年销售额逾 1 500 万元。蟹苗销售以江苏省内为主，辐射上海、安徽、山东、浙江、湖北、湖南、江西、新疆、云南等地，为江苏乃至全国河蟹良种更新化进程做出了重要贡献。公司先后被授予射阳县海洋与渔业工作先进集体、十佳渔业企业、盐城市中华绒螯蟹苗种繁育工程技术研究中心、盐城市市级水产良种繁育场、江苏省省级水产良种繁育场称号。

2. 东台海普瑞虾蟹苗种有限公司（附图 1-2）

附图 1-2　东台海普瑞虾蟹苗种有限公司

公司成立于 2017 年，位于东台市弶港镇海滨村梁垛闸，总占地面积 800 余亩，是全国大型优质蟹苗规模化繁育企业之一。公司基地现有标准化育苗土池 160 亩、生物饵料培育池 600 余亩、标准化砖混结构淡化池 60 个、淡化水体 2 000 米^3，生产管理用房及实验室齐备，并建有微藻培育系统 1 套，以供生物饵料的规模化培育。基础设施按照江苏省沿海滩涂开发标准建设，池塘结构设计、进排水系统、供电系统及功能布局符合优质蟹苗的繁育需求。基地周围海淡水资源丰富，无其他海水养殖业污染，水质清新无污染，为优质蟹苗的规模化繁育奠定了优良的水源基础。公司主营河蟹新品种——中华绒螯蟹“长江 1 号”“长江 2 号”蟹苗规模化繁育，年产优质蟹苗 7 500 千克以上，年销售额逾 750 万元。公司现作为江苏省河蟹产业技术体系河蟹新品种定点繁育单位，聚焦特大规格河蟹新品种亲本的规模化繁育及自身品牌创建，拟逐步打造成为江苏省最具科技含量与影响力的河蟹种苗繁育企业。

附录2 河蟹优质蟹种生产企业

1. 南京建昌水产养殖专业合作社

南京建昌水产养殖专业合作社，2012 年 3 月由理事长董建昌带领养殖户发起，出资总额 500 万元。合作社基地位于南京市浦口区星甸街道后圩社区，总占地面积 1 200 亩，现作为江苏省淡水水产研究所河蟹新品种核心保种基地。基地内部规划完善，养殖池塘布局合理，生产管理用房、进排水系统、供电系统、硬质化道路等基础设施条件完备，拥有集中连片的河蟹新品种规模养殖与保种基地 750 亩，河蟹苗种培育区 250 亩、后备亲本培育区 350 亩、种质备份区 150 亩，目前已形成年培育优质蟹种 800 万只的生产能力，是南京地区规模最大的河蟹苗种规模化培育基地。合作社现作为江苏省河蟹产业技术体系浦口推广示范基地，被评为农业农村部水产健康养殖示范场，承担或参与多项省级科研项目。为做大做强合作社名特优水产品种繁育及养殖，合作社每年均邀请多位水产专家亲临现场进行技术指导，为开展名特优水产苗种繁育和池塘精养提供了有力的技术保障。

2. 南京晶桥现代渔业发展有限公司

南京晶桥现代渔业发展有限公司紧紧围绕溧水“健康+”产业发展战略定位，依托江苏省淡水水产研究所水产科研领域的技术优势，以当地农业主导产业、主导品种为切入点，坚持“政府搭台、产学研唱戏、多方合作共赢”的合作发展理念，开展河蟹、小龙虾等良种繁育与健康高品质养殖示范推广，以大项目为引擎把战略定位转化为项目优势，打造江苏一流的产学研结合、育繁推一体化的内陆渔业科技创新平台与成果转化示范基地，服务提升当地水产养殖特别是虾蟹产业高质量、高效益、健康可持续发展。公司注册资本 1 000 万元，员工 30 人，入选江苏省淡水水产研究所产学研示范基地及 2019 年溧水区“创业南京”高层次创业人才项目。公司一期建设现代化虾蟹养殖基地 1 000 亩，养殖池塘全部经过标准化改造，其中高品质成蟹养殖区 500 亩（净水面面积 400 亩），优质蟹苗培育区 270 亩（净水面面积 210 亩）。河蟹健康高品质养殖示范全面展开，年产 50 吨高品质商品蟹和 50 吨优质扣蟹。

参 考 文 献

江苏省海洋与渔业局，2006. 江苏渔业高效生态养殖模式［M］. 南京：江苏科学技术出版社.

江苏省海洋与渔业局，2010. 江苏渔业十大主推技术［M］. 南京：海洋出版社.

林乐峰，2007. 河蟹生态养殖与标准化管理［M］. 北京：中国农业出版社.

王武，李应森，2010. 河蟹生态养殖［M］. 北京：中国农业出版社.

徐在宽，2005. 河蟹无公害养殖重点、难点与实例［M］. 北京：科学技术文献出版社.

许步勋，2001. 河蟹科学养殖技术［M］. 北京：金盾出版社.

赵乃刚，1999. 河蟹增养殖技术［M］. 北京：中国农业出版社.

周刚，林海，2010. 轻轻松松学养蟹［M］. 北京：中国农业出版社.

周刚，宋长太，2010. 河蟹健康养殖百问百答［M］. 北京：中国农业出版社.

朱清顺，2003. 河蟹无公害养殖综合技术［M］. 北京：中国农业出版社.

活力大闸蟹

品蟹配姜、醋

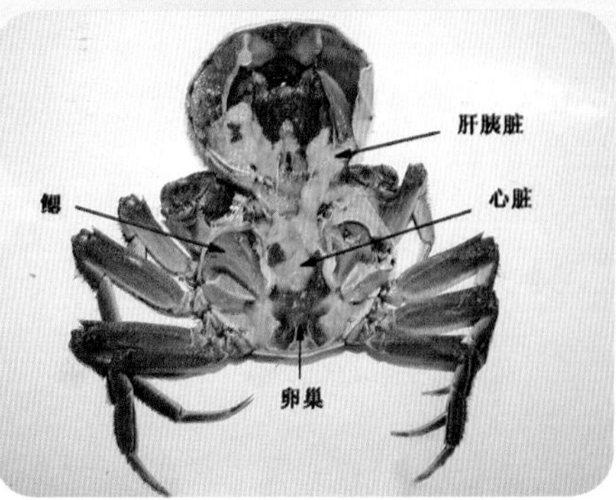

雌性中华绒螯蟹解剖图

雄性中华绒螯蟹主要脏器组织

北方地区“稻蟹”综合种养

放养河蟹前的稻田系统

稻田蟹沟及坡面开挖

规模化标准养殖场

池塘改造设施

养殖池塘底层厚网布

蟹池修整开挖

标准化蟹种培育池护坡及防逃设施

蟹种培育池塘

微生物培养温室

标准化蟹种培育池清塘翻晒

工厂化育苗水池

河蟹冬季规模化囤养

河蟹暂养网箱

商品蟹暂养

冬季蟹塘休养

温室挂笼布幼

育苗培水

蟹种培育池水草布局

培育池“点状”水花生

早期“点状”栽种水草

夏季水花生“翻身”

水草疏割机

蟹苗投放前“醒水”

蟹种暂养

自动投饵船

特大规格河蟹亲本

怀卵蟹

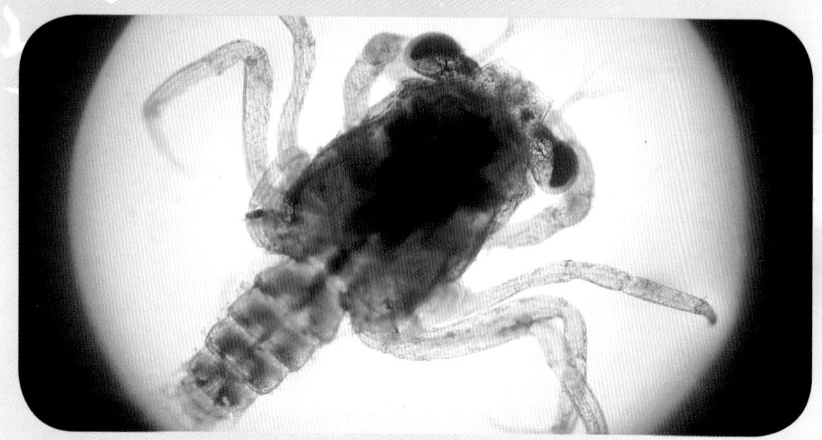

大眼幼体阶段

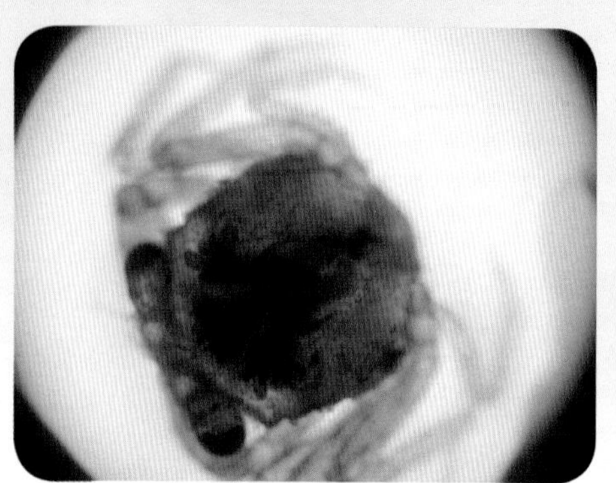

仔蟹阶段

蟹　苗

优质活力蟹种

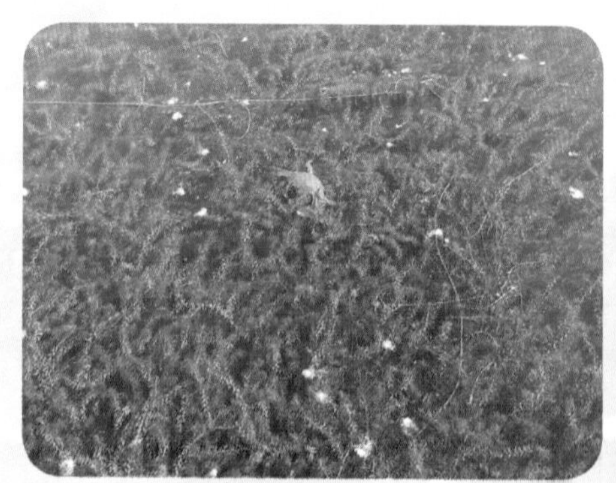

成蟹阶段第3次脱壳